每一次悲伤，都可以微笑面对

传奇亦灵 —— 著

端正心态，平和情绪，笑对人生。其实，你从未失去。

国家一级出版社　中国纺织出版社　全国百佳图书出版单位

内 容 提 要

人生不如意十之八九，在这个世界上，没有任何一个人的生活会是一帆风顺的，更没有人能够那么幸运，总是顺遂如意。生活之中，每个人都会遭遇磨难和坎坷，与其感到沮丧绝望，不如微笑着面对，这样在人生之中才会收获更多。

本书从心理学的角度出发，从生活的琐事着手，告诉人们人生难免不如意，与其哭着过一天，不如笑着过一生的道理。要想坦然面对人生的顺境和困境，最重要的是端正心态，形成正确的人生观念和价值观念，从而让自己的内心保持平静愉悦。

图书在版编目（CIP）数据

每一次悲伤，都可以微笑面对 / 传奇亦灵著 . —北京：中国纺织出版社，2018.9（2018.9重印）
ISBN 978-7-5180-5194-6

Ⅰ.①每… Ⅱ.①传… Ⅲ.①人生哲学—通俗读物 Ⅳ.①B821-49

中国版本图书馆CIP数据核字（2018）第141157号

责任编辑：闫 星　　特约编辑：王佳新　　责任印制：储志伟

中国纺织出版社出版发行
地址：北京市朝阳区百子湾东里A407号楼　邮政编码：100124
销售电话：010—67004422　传真：010—87155801
http://www.c-textilep.com
E-mail：faxing@c-textilep.com
中国纺织出版社天猫旗舰店
官方微博http://weibo.com/2119887771
天津千鹤文化传播有限公司印刷　各地新华书店经销
2018年9月第1版　2018年9月第2次印刷
开本：710×1000　1/16　印张：13
字数：128千字　定价：39.80元

凡购本书，如有缺页、倒页、脱页，由本社图书营销中心调换

前言

每个人都是被上帝咬过一口的苹果，有的人因为过于芬芳，得到了上帝的偏爱，所以这一口咬得可能有些大了，一出生就带有显而易见的缺陷。可是我们难道就要为此怨天尤人，不去从容面对生活了吗？当然不能。生命还在延续，既然活在这个世界上，就要摆出坚忍不拔的姿态，绝不轻易放弃，更不自暴自弃。

在2010年东方卫视主办的第一届《中国达人秀》上，一个因为意外事故失去双臂的年轻人用双脚为在场的观众朋友和主持人演奏了一曲优美的钢琴曲，不但赢得了在场每一个人的尊重，也引起了全世界的广泛关注。在那一届达人秀上，年轻人毫无悬念地获得了冠军，也成为众人皆知的无臂钢琴师。很多人都想不明白，一个失去双臂的年轻人，如何能够演奏钢琴曲呢？这是因为尽管命运残酷地夺走了他的双臂，却没有夺走他坚强不屈的毅力和对生命的无限渴望与热情。最终，年轻人不但能够实现生活自理，而且居然用脚挑战高难度的钢琴演奏，最终创造了生命的奇迹。

现实生活中，很多人都和这个无臂的年轻人一样，或者因为先天缺陷，或者因为后天意外，受到命运的残酷打击。然而，他们并非活得委委屈屈，而是能够扬起生命的风帆，在人生的海洋上自由自在地徜徉。

毕竟，生命只有一次机会，对于每个人而言都是非常珍贵且不可重来的。既然如此，与其哭着度过人生的每一天，不如笑着度过人生的每一天，每个人都可以过得更加精彩，去真正实现人生的价值。

有人说人生是一场没有归途的旅程，有人说人生是一次出海远行，也有人说人生就是不断地摸索……每个人都是这个世界上独一无二的生命个体，因为成长经历、人生背景及价值观念的不同，每个人对于人生的理解和展望也完全不同。正是基于此，面对人生的坎坷挫折和磨难，人人都会做出截然不同的反应。然而无论如何，对于不可重来的人生，我们都要珍惜，也要拼尽全力去活好，才不枉在人世间走一遭。

常言道，心若改变，世界也随之改变。其实，心若改变，人生也会随之改变。每个人都要调整好心态，才能以坦然的心境面对人生，才能"宠辱不惊，闲看庭前花开花落；去留无意，漫随天外云卷云舒"。总而言之，人生不都是美好，更多的是忧虑和烦恼；人生也不全都是困厄，困厄终将会过去，美好终究会到来。每一个认真生活的人，都会得到生活的馈赠，每一个善待人生的人，也都会得到命运的偏爱。努力吧，朋友们，一切都会好起来的！

编著者
2018年4月

目录

第01章 历尽繁华，不理悲伤，只以微笑对生活 _001

  自得其乐，人生不寂寞 _002

  人生是一场旅行 _004

  岁月艰难，更要笑脸相对 _007

  逆境，是勇敢者的人生学校 _009

  坚持梦想的人都很伟大 _011

  生活就像一颗话梅糖 _013

  你拥有多少财富 _015

第02章 没什么可悲伤，一切困难都是为了让我们更强大 _019

  每个伟大的人都曾经历平凡 _020

  饱经磨难，人生才能不断成长 _021

  人生没有所谓的起跑线 _023

  用热情点燃生命的引信 _026

  面对一地鸡毛的生活，依然要志在远方 _027

勇气，才是成功的敲门砖　_029

一味逃避，永远不可能获得成功　_032

第03章　你有那么多的坏情绪，哪还有时间去感受美好　_035

赶走心中的自卑者　_036

接受自己的"不完美"　_038

降低欲望，收获幸福　_041

主宰欲望，驾驭人生　_043

不要被无足轻重的事扰乱心绪　_046

宽容的人，更懂得幸福真谛　_049

第04章　你有足够的坚持，才听得到终点的欢呼　_053

信念坚定，助力你奔向人生目标　_054

笑到最后的人，笑得最美　_056

坚持1万小时，就能成就卓越　_058

坚持，你就能把不会变成会　_060

坚持不懈，才能到达终点　_062

一杯柠檬茶的等待　_064

第05章　任悲伤逆流成河，我自岿然品茗焚香　_067

　　愿你是茶，经得起沸水的冲泡　_068

　　生活，在以你想象不到的方式爱你　_070

　　命运不会青睐垂头丧气的你　_072

　　与其费尽心思，不如随遇而安　_075

　　生活不止眼前的苟且，还有诗和远方　_077

　　你要活得精彩，才能得到世界的喝彩　_079

　　不成功也不必成仁，努力还要继续　_081

第06章　每个人都不完美，但还是要相信自己是最棒的　_083

　　人人都是被上帝咬过一口的苹果　_084

　　相信自己，你是最棒的　_086

　　自轻自贱，将会彻底与成功绝缘　_088

　　一切皆有可能，相信信念的力量　_090

　　你的生命应该如你欢喜般绽放　_092

　　记住，你并不比任何人差　_095

第07章　或许还要再努力些，没有哪一种得来是轻而易举的　_097

　　世上无难事，只要肯攀登　_098

想方设法，总能解决问题 _100

勇敢前进，才能排除万难 _103

对自己狠一点，离成功近一点 _105

努力的意义与价值无关 _107

把努力当成习惯，让人生保持勤奋 _109

第08章　秉持健康快乐心态，一切都是最好的安排 _113

世界上不缺少快乐，缺少发现快乐的心 _114

错过美丽，也未必遗憾 _116

乐观积极的心态，是人生最大的财富 _118

要相信，人生是不可阻挡的 _120

不改变，还要命运做什么 _122

即使抓了坏牌，也要努力打好 _125

认清自身缺陷，才能超越自我 _127

第09章　爱情如诗如酒，历经流年终成佳酿 _131

把爱升级到高层次，让爱褪去苦涩 _132

趁还输得起，好好享受爱情 _135

世上没有天造地设，只是彼此磨合而已 _137

爱情中，你也许永远无缘对的人 _140

爱情需要抓紧，也需要放手 _144

执子之手，与子偕老 _146

好好与自己相处，才能好好去爱 _149

第10章　走出曾经的阴影，失败了也要昂首挺胸 _151

忘记昨日，活在今天 _152

踩着失败的阶梯前进，才能超越自己 _154

谁的成功不是沾着血泪 _157

承认错误，才能成就自己 _159

看淡成败，让人生云淡风轻 _161

没有勇气失败，也彻底无缘成功 _163

第11章　把悲痛藏在微笑下面，嘴角飞扬着度过每一天 _167

每个人都要感恩美妙的生命 _168

生活也会触底反弹 _170

心情好了，日子自然不会太差 _173

带着恐惧的勇气，才是你该有的人生态度 _176

波澜不惊，才是真淡定 _179

第12章　别只看到眼前的风雨，也想想天晴后的彩虹　_183

真正的聪明人，不怕悲惨的人生　_184

不到最后一刻，谁能定成败呢　_187

自我拯救的人，都是意念坚强的人　_189

凡事皆有两面性，要一分为二看待　_192

耐得住寂寞，人生才能有所收获　_194

参考文献　_198

第 01 章

历尽繁华，不理悲伤，只以微笑对生活

很多时候，我们以为人生过不去了，后来才发现再艰难的人生阶段都是可以过去的，只要坚持住，生命终将绽放精彩。所以说世界上没有过不去的事情，只有过不去的心情，只要始终保持积极乐观、宽容平和的心态，生命中的很多事情都可以成为过往云烟，云淡风轻。

自得其乐，人生不寂寞

秋天来了，原本青翠欲滴的树叶渐渐转黄，从枝头飘落。树叶凋零，树干失去了最亲爱的陪伴，原本的一树繁华就这样悄然消逝，它不得不独自面对这凄凉的秋天。曾经，也以为生命是永恒的，死亡似乎距离自己非常遥远。然而，随着年岁渐长，父母老去，更有很多祖辈生命衰弱，最终撒手人寰。仔细想来，人生其实没有太大的意义，在生死的轮回之间，无数人都感到迷惘，也不知道生命的意义究竟何在。的确，人生就是生死的轮回，只有从容，才能帮助人们更好地享受生命，否则怀揣着一颗焦灼不安的心，怎么可能在命运中崛起呢？

现实生活中，很多人都想操心他人的生活，总是对他人的人生指指点点，却从未想过自己也是被他人关心的对象，甚至因为他人的妄加评论而迷失方向。正所谓谁人背后无人说，谁人背后不说人。每个人既是说别人的人，也是被别人说的对象，在这样的迷惘状态下，人生都变得无可奈何了。

实际上，人生到底如何，完全是属于自己的事情。哪怕是父母把孩子带到这个世界上，对孩子付出所有的心力，也无权干涉孩子的生活，更何况作为毫无关系的陌生人呢？无论怎样的人生，都是对每个人最好的选择，这一点毋庸置疑。所以我们既不要因为别人的随意评价就改变自己，也不要总是管不住自己的嘴巴，而对别人的生活妄加评价。明哲保身，听起来这样的人生态度有些冷漠，实际上却是最合宜的。

小菲已经三十出头了，却还待字闺中，这让父母和所有亲戚朋友都为她的人生大事操碎了心。实际上，小菲非常优秀，不但是高学历的人才，而且拥有好工作和高颜值，是不折不扣的职场"白骨精"。然而，小菲对于找男友的事情却很挑剔且苛刻，她总觉得如果凑合着随便找个男朋友，还不如没有男朋友。为此，她虽然在父母的催促下相亲很多次，却始终没有找到心仪的男朋友。

过完年，小菲就35岁了，看着和小菲一般大的女孩们都生二胎了，爸爸妈妈更是急得火上墙。为此，妈妈给小菲下了最后通牒：如果今年不能解决婚姻问题，我和你爸爸就去住养老院。看到妈妈就像孩子一样威胁自己，小菲也觉得很无奈：妈妈，我自己一个人生活得好好的，你为什么非得让我找个男朋友呢！我也没说不找啊，只是想找个合适的而已，你们总不能让我随便就找个男人结婚吧。难道你们宁愿我当离婚的单身女人，也不想让我当个老闺女吗？你们再逼我，我就随便去大街上拉个男人结婚，然后再离婚。就这样，小菲也义正词严地向父母表明了自己的态度。后来，父母再也不催促小菲结婚了，每当有亲戚朋友说起小菲的婚事，父母都说："随她去吧，她也已经长大了，不再是以前的小菲了！"

实际上，小菲一个人的生活也很潇洒。记得前段时间朋友圈里有篇文章非常火爆，大概的意思就是一个妈妈告诉自己的女儿，如果不能找到疼爱自己的男人，没有把握获得幸福的婚姻，还不如就一个人单身着过，照顾好自己，自得其乐。不得不说，这个妈妈的境界是很高的，也值得每个妈妈学习。

现实生活中，大多数妈妈都很疼爱女儿，辛辛苦苦抚养女儿长大，而一旦看到女儿到了恋爱结婚的年纪却没有任何风吹草动，她们马上就会抓狂，甚至还会迫不及待地催促女儿结婚。不得不说，这种对于孩子婚姻大事的态度是很草率的。众所周知，结婚是件大事情，一着走错尽管不至于满盘皆输，但也会对女孩的人生产生很大的影响。作为真爱女孩的父母，与其催促女孩结婚，不如拓展女孩的人际交往范围，让女孩有更多机会认识生命中的白马王子。

每个人都有权利享受自得其乐的人生，正如但丁所说的，走自己的路，让别人说去吧！对于人生而言，唯有不断地享受人生，创造人生，人生才能充实且更加绚烂。

人生是一场旅行

雅芝觉得自己最近的生活节奏太快了，自从搬了家，住到了郊区，她每天早晨六点就要起床为孩子准备早饭，孩子也提前到六点半起床，仓促地洗脸刷牙和吃饭，然后就急急忙忙开车奔赴目的地——学校。为此，雅芝对孩子催促得也越来越急，早晨催着孩子起床，晚上催着孩子睡觉，就连孩子偶尔在沙发上休憩，背靠着沙发休息，雅芝也会马上催促孩子："赶紧去洗漱，早点睡觉，明天好早点起床。"在雅芝日复一日的辛劳中，孩子渐渐成长，然而对妈妈的意见也越来越大了。

转眼之间，孩子已经12了，要去读初中一年级，选择住校。雅芝这才突然发现，自己每天那么仓促匆忙地催促孩子，导致孩子根本没有时间静下心来成长。如今，孩子就要离开自己的身边，雅芝才觉得后悔：既然学习是要花费一生去进行的，自己又为何要那么急急忙忙催促孩子，让孩子无所适从地长大呢！很多父母都觉得孩子患有拖延症，殊不知，孩子的节奏和成人的节奏是不同的。假如父母能够静下心来等待孩子成长，也能够真正展开生命的韵律，更好地陪伴孩子，那么在人生这场旅途中，父母就能跟随孩子的脚步欣赏更多的美景。遗憾的是，现实生活中，大多数父母都是拖着孩子一路狂奔，不但父母辛苦，孩子也失去了喘息的机会。

如果说人生是一场没有归途的旅程，那么对于人生中很多美妙的风景，由于没有回头路可走，我们一定要更加放缓脚步，在风景秀丽的地方驻足停留，用心欣赏。反之，心急如焚地赶路未必能起到预期的效果，反而有可能因为忙中出错，导致事与愿违。

清朝年间，有个读书人带着小书童进京赶考。然而，因为在路上出了一些意外，他们耽误了些时间，所以越是靠近京城越是心急如焚，结果一不小心迷路了，根本不知道还需要多久才能到达京城。

眼看着暮色苍茫，夜色渐浓，而且还生起了雾。读书人心急如焚，正巧遇到有个农民在锄地，因而走过去询问："老伯伯，请问京城是往这个方向走吗?"老伯伯点点头,读书人又问:"请问离京城还有多远呢,我们还能赶在关门之前赶到吗?"农民想了想,一本正经地说:"走得慢,能到;走得快,基本没希望了,只能等到天亮了。"读书人有些生气,心想:为何走得快到不了,走得慢反而能到呢?这个老伯肯定是在故意戏弄我们,真是太可恶了。如此想来,读书人加快脚步,朝着京城的方向走去。小书童也背起书,跟在读书人的后面。

然而,才走了没几步,小书童就被路上的树枝绊倒了,摔在地上,背着的书和行李也全都散了架。读书人更着急了,手忙脚乱地收拾书,却接连好几次都没有捆扎好。最终,等到书和行李捆扎好了,也已经太阳落山了。读书人这才理解农民的话,看着京城的方向感慨地说:"哎,真是不听老人言,吃亏在眼前。咱们快点走明明是想赶路的,却导致进展更慢了。"

很多事情是急不来的,按部就班不仅仅意味着因循守旧,也意味着人们能够保持内心的节奏,稳定地向前。正是因为如此,我们在做很多事情的时候都要遵循事情本身的规律和节奏,而不要违背和破坏规律。

很多人都曾经养过蚕,那就知道蚕蛹要想变成蛾,需要漫长的过程。尽管蛾破茧而出的过程很痛苦,但是这个过程却不能加速。曾经有孩子为了帮助蛾尽快突破蛹的束缚,因而用剪刀帮忙,帮助蛾快速地摆脱蚕蛹。没想到,蛾因为失去了破茧成蛾的锻炼过程,导致翅膀疲软无力,从蚕蛹里出来没多久就死了。每一只蝴蝶都要破茧才能成蝶,也只有经历过生的痛苦,才能拥有美丽绚烂的人生。

岁月艰难，更要笑脸相对

曾经有位名人说过，这个世界上并不缺少美，缺少的只是发现美的眼睛。同样的道理，这个世界上也不缺少快乐，只是因为有太多的人不愿意快乐。为何人不想快乐呢？或者被烦恼侵扰，或者在生命中遭遇了太多磨难，或者觉得命运亏待了自己。总而言之，对于消极悲观的人而言，他们能找出一万个不快乐的理由，唯独找不到一个快乐的理由。

快乐，从心理学的角度来说，是一种乐观向上的力量。尤其是现代社会生活节奏越来越快，工作压力越来越大，很多人都渐渐远离了快乐，让愁容爬上自己的面孔。那么，如果我们能够积极地寻找和感受快乐，也热情地拥抱和享受快乐，即使遭遇坎坷、挫折和磨难，甚至是故意的伤害，我们也会无所畏惧，也能够在生命的历程中尽情绽放。

从1820年丹麦物理学家奥斯特发现电流能改变磁针方向时起，科学史上关于电与磁的研究就正式拉开了帷幕。很多科学家争先恐后地开展关于电磁的实验，希望能够把奥斯特的发展更往前推进一步。当时，法拉第还很年轻，在皇家学院里也因为资历浅，根本不被允许单独进行实验。然而，法拉第也对电磁兴趣浓郁，为此他整整花费了3个月的时间进行实验可行性论证，后来居然发明了电动机。原本，等待着法拉第的应该是鲜花和掌声，然而因为要给新婚的妻子补度蜜月，所以法拉第委托朋友代替他发表科学发现。最终，等到法拉第回来的时候，满耳听到的都是外界对于自己的质疑，没有人相信毛头小子法拉第能发明发电机，而纷纷认为这一定是法拉第窃取了老师戴维的研究成果。

原本，法拉第以为戴维能在这个关键时刻为他解释，没想到戴维却始终保持沉默，任由流言满天飞，这让法拉第意识到谣言很可能是戴维散播出来的。由于这样的恶意中伤，法拉第不能进入英国皇家协会了，这对于他的科学研究生涯是沉重的打击。但是法拉第没有放弃，而是继续在科学的道路上前行，最终得到了戴维的认可。在即将离开人世的时候，戴维由衷地说："感谢上帝，让我拥有法拉第这样的学生。"知道戴维去世后，法拉第又在不断地证明自己的科研实力，最终得以进入英国皇家协会。

被人误解，无疑是一种很糟糕的体验，而且当发现伤害和故意误解自己的人是自己最在乎的人时，这样的伤害简直是双倍的。难以想象法拉第在携新婚妻子蜜月归来后听到人们质疑的感受，但是有一点可以肯定，法拉第是很宽容大度的，所以他才能接受质疑，也没有因此而诋毁戴维老师。

对于每个人而言，伤害都是难以承受的生命之重。愤怒会让人们失去理智，情绪失控，也会让人们陷入无法控制的悲哀和绝望之中。最重要的是，愤怒会导致人生失去前进的动力，使人生停滞不前。尤其是很多愤怒，常常会给人带来深刻的伤害，就像一把双刃剑一样，不但伤害了他人，也伤害了自己。

常言道，人生不如意十之八九。每个人要想彻底消除愤怒，都要端正对人生的态度，保持一颗积极乐观和向上的心。灾难来临的时候，与其暴跳如雷，对解决问题无计可施，不如保持理性认真思考，尽量周全地想出解决问题的方案。朋友们，每个人都需要积极正向的能量，否则一味地为了人生而消沉下去，就会彻底陷入恶性循环之中，导致人生走入死胡同，根本没有改观的可能性。从现在开始，就让我们抛掉愤怒，迎接好运气吧。当你的心中充满积极和热情，你会发现自己充满力量，变得不可战胜！

逆境，是勇敢者的人生学校

曾经有心理学家经过研究发现，古往今来，那些伟大的成功者并非是独具天赋的人，也并不是得到了外力的帮助，而是因为他们对待逆境的态度截然不同。成功者之所以成功，是因为哪怕面对失败，他们也能勇往直前，绝不退缩。相反，失败者之所以总是与失败纠缠，是因为一旦遇到小小的挫折和坎坷，就马上放弃努力，甚至畏缩不前。所以人们才说，困难是强者的学校，是弱者的葬身地。强者从苦难中崛起，成为非凡的人生，而弱者则就此放弃希望，让人生停滞不前，被时代的洪流远远地甩下。

然而，有谁能免于被苦难折磨呢？大多数人都要面对人生的逆境，而且也要不遗余力地从逆境中崛起，从而彻底改变命运。在大海里航行，没有一艘船是不带着伤的，在人生的长途中跋涉，也没有一个人是不曾饱经磨难的。想清楚这一点，也意识到人生退无可退，我们才能鼓起百倍的信心和勇气，绝不对人生懈怠。

有一艘看起来又老又破又旧的船被作为珍贵的展品，陈列在英国萨伦港国家船舶博物馆里。这艘船已经有些年头了，从1894年试航开始，它就正式展开了自己波澜壮阔、饱经磨难的一生。在暴风雨中，它的桅杆被风折断207次；在航行中，它触礁116次；每到寒冷的地方，它就变得不那么灵敏，也因为去过太多寒冷的地方，所以撞到冰山上多达138次之久。除了这些航行中常见的伤害之外，它还遭遇过13次起火的灾害。然而，这样让人触目惊心的数据，却从未使这艘船沉没过。

这艘船不管受到多么严重的伤害，只要经过妥善的维修，它就能再次下海，继续进行航行。这艘船原本不属于英国，来到英国纯属偶然。一位英国的律师打官司失利，心意阑珊，而且他的委托人还自杀了，所以律师感到受挫，因而选择四处旅行，给心灵疗伤。当第一眼看到这艘千疮百孔的船时，律师简直震惊了，突然想到自己经历的一切原本什么也不是，只是因为自己过于在乎，才会被无形中放大。此后，律师把关于船的文字抄录到笔记本上，还给船拍了个特写的照片挂在办公室里，以时刻提醒自己要像曾经的这艘船那样坚强。

人生就像茫然无边的大海，每个人都是在大海上航行的船。海面上时而风平浪静，可爱温柔如同少女，时而狂风大作、巨浪滔天，让人忍不住要抱怨命运为何如此残酷，也恨不得自己马上就能上岸，摆脱人生这条贼船。然而，没有人能逃避人生，只要生命在延续，每个人就必须勇敢地面对生命，且从容地享受生命。尤其是在遭遇人生困厄，忍不住想要放弃时，我们更要拼尽全力，才能最大限度发掘人生的潜力，让人生有截然不同的发展。

正如一首歌里所唱的，不经历风雨，怎能见彩虹，没有人能随随便便成功。的确，宝剑锋从磨砺出，梅花香自苦寒来。不管是宝剑，还是梅花，要想获得属于自己的成功，一个泛出寒光，一个吐露芬芳，都要饱经磨难，孕育力量。

当你拒绝了生活的凄风苦雨，你也同时拒绝了出人头地的机会。众所周知，利益与风险总是并行的。利益越大，风险也就越高，所以每个人除了要追求高利益之外，还要理性接受高风险，做好承受风险的准备。记住，你就是自己的上帝，你就是自己的英雄，你的一切都把握在你的手中。

坚持梦想的人都很伟大

1890年，山德士出生在美国中部的一个农场。6岁那年，山德士失去了爸爸，妈妈肩负起照顾家庭和抚养孩子的重任，作为家里最大的孩子，山德士理所当然学会了做饭。为了帮助妈妈维持生计，10岁那年，山德士退学，开始四处打工。后来，服完兵役的山德士从事过很多种工作，却都不能如愿。被逼无奈的山德士痛定思痛，筹集资金在肯德基州开了加油站，并且兼营餐厅。一张桌子，几把椅子，这就是肯德基快餐王国的真正起点。这次，命运对待山德士很不错，因为经营良好，山德士还开办了家庭旅馆。

正是在开餐馆期间，山德士研制出了炸鸡配方。但是他的加油站却因为政府修路，而不得不关闭。眼看着已经65岁了，山德士不得不再次创业。他开着破旧的老爷车四处奔波推销炸鸡配方，但是却无人问津。为此，他几乎跑遍了大半个美国，被拒绝了1009次。直到第1010次，终于有人勉为其难地接受了他的炸鸡配方。从此之后，肯德基炸鸡连锁店开遍全球，出现在世界的每一个角落。

被拒绝1009次，这是一种怎样的感受和体验？看到这里，相信很多人都会在心里默默地告诉自己：我只被拒绝九次就再也受不了了，难怪无法获得成功呢？的确，对于一个轻易放弃的人，是没有资格抱怨命运，也没有资格谈论成功的。如果不是山德士这么有毅力，坚持一千多次接受拒绝，也要继续努力，再接再厉，那么他很有可能不会取得成功。由此可见，成功固然需要天时、地利、人和，但更需要坚忍不拔的精神和顽强不屈的毅力。

每一个坚持梦想的人都值得我们尊重，因为在大多数人都丢盔弃甲的时候，他们却始终没有放弃。明知道要面临很大的失败风险，他们也绝不气馁，而是就这样努力地向前，一丝不苟地认真。当失败真正到来，他们也能坦然接受，从失败中汲取经验和教训，继续奋勇向上。和失败者相比，他们就像打不死的小强，越是艰难，越是迎难而上，他们的字典里没有放弃二字，他们的人生也因为勇往无前的精神变得非常强大。

有些人的梦想尽管很瑰丽，但是一旦遇到小小的挫折，就会想到放弃。而且，他们的梦想也过于远大，当树立梦想之后制订计划时，他们会因为计划的遥远而变得疲惫，也渐渐地失去信心。如此一来，梦想非但不能对他们起到积极的指导作用，反而会消耗他们的信心，使他们在人生之中迷失方向，疲惫不堪。真正的明智者不会奢望人生一帆风顺，而是更加努力警醒自己不管在人生中面对怎样的局面，都要坚忍不拔，都要一往无前，也要鼓起百倍的信心和勇气，绝不畏缩。

生活就像一颗话梅糖

生活就像一颗话梅糖，刚开始吃的时候是苦的，很酸，甚至让人情不自禁皱起眉头。然而当你继续努力地嚼着糖果，吃着吃着，外面那层酸涩逐渐退去，话梅糖变得越来越甜了。你恍然大悟，原来生活的本质是先苦后甜，是品尝完酸涩之后，才能享受甘甜的滋味。

老子曾经说过，祸兮福所倚，福兮祸所伏，意思就是福祸之间是可以相互转化的，它们彼此支撑，相辅相成。例如当因为某件事情觉得兴奋时，千万不要得意扬扬，因为过于得意和骄傲，很容易乐极生悲，导致灾难发生。反之，当因为承受了某种打击而感到心力憔悴时，也不要感到绝望，因为人既有倒霉的时候，也有幸运的时候。很多先哲都曾经尝试说出人生之中幸运与不幸运的关系，这为后人揭示了人生的真谛，也让后人通过努力更透彻地了解生活。

很久以前，有个老人在边塞生活，主要靠养马和卖马为生。老人的妻子早就去世了，他和儿子相依为命，从事马的生意，倒也过得不错。

有一天，儿子出去放马吃草，傍晚归家时才发现有一匹马走失了。在当时，马是非常贵重的财产，听说老人失去了一匹马，热心的邻居们纷纷赶来安慰他。不承想，他却说："没关系，破财消灾，看起来是件坏事，说不定还是件好事情呢！"邻居们以为老人太心疼马，又不好意思表现出来，才会这么说，因而纷纷摇摇头走了。

没过几天，塞翁的马果然回来了，而且还带回来一匹胡人的骏马。这匹骏马很罕见，一看就价值不菲。为此，邻居们都来恭喜塞翁："您老人家真是好福气，不但丢失的马失而复得，还多得到了一匹骏马呢！"对此，塞翁丝毫不感到兴奋，而是愁眉苦脸地说："平白无故得到一匹马，不见得是好事情！"邻居们都觉得塞翁虚伪，纷纷撇撇嘴走开了，心中暗暗嘀咕："不费吹灰之力就得到一匹马，心里还不知道怎么高兴呢，却非要装出这副样子。"

几天之后，儿子骑着骏马去逛集市，马匹突然受到惊吓，四处乱跑乱跳，把儿子从马背上摔下来，导致儿子的腿骨折了。邻居们以为这次塞翁一定会痛哭不止，毕竟这是他的独生儿子啊。然而，等到邻居们赶去安慰塞翁时，却发现塞翁面色平静地坐在儿子的床边，说："腿残疾了也没关系，命还在呢！说不定反而是件好事情！"邻居们都觉得塞翁急疯了，因而一句话不说就走了。没过多久，朝廷里开始征兵对抗敌军，村里子的青壮年都被调集起来奔赴沙场了，全都失去了宝贵的性命。只有塞翁的儿子，因为一直留在家里，所以反而守着父亲平平安安地过着日子。

塞翁失马，焉知祸福。很多人只看到问题的表面，因而不理解塞翁所说的意思。从本质上而言，事情的利弊是会相互转化的，有的时候好事情会转化为坏事，有的时候坏事情会转化为好事。最重要的在于，每个人都要学会平衡自己的内心，不管此时此刻面对的是人生的得意还是失意，都要保持内心的淡然，从而给予生命更好的交代。

面对人生，我们都要更乐观一些，更豁达一些，这样才能在面对生命的不尽如人意时保持淡然的心境，能够宽容地接受。这个世界上有太多不幸的人，面对着一个失去整条腿的人，难道没有脚的人还有资格抱怨吗？生活就像一颗话梅糖，酸酸甜甜的，要品完苦涩和酸味，才能感受到甘甜。生活也像是洋葱，含着眼泪层层剥开，才能看到洋葱的真心。面对命运无情的捉弄，每个人都要足够坚持，才能守得云开见月明。

你拥有多少财富

众所周知，在美国参加竞选需要雄厚的经济实力作为支撑。然而，林肯在参加美国总统的竞选时，根本没有竞争对手那样的实力，因而显得非常寒酸。当竞争对手乘坐专列、前呼后拥地四处游说民众时，林肯为了节省开支，只能孤身一人乘坐火车去开展竞职演说。对于林肯的窘境，对手感到很不不屑一顾，还命人在专列上准备礼花，只等着他每到达一个地方下车的时候燃放，从而彰显他的实力。

林肯因为自己的贫穷而自惭形秽吗？当然没有。相反，林肯很确定自己非常富有。有一次，林肯被选民问及如何看待自己，他非常从容地说："我觉得自己是人生赢家，拥有太多。我有妻子和孩子，他们给我一个幸福的家；我有办公室，尽管简陋，但是有书桌和椅子，还有一个放满了书的书架；这次参加竞选，让我惊讶地发现我还有你们的支持，这无疑让我更加富有。感谢你们，我的朋友们……"朴实无华的语言，让林肯的话瞬间打动了选民们的心。他们因为林肯的朴实，而更愿意与林肯亲近，为此林肯顺利地在竞选中胜出，成为美国历史上为数不多的平民总统之一。

一个人拥有多少财富，是根据他拥有多少金钱来衡量的吗？还是根据他能够花费多少金钱来衡量的？都不是。曾经有科学家经过研究发现，幸福感与金钱、物质之间都没有必然联系，更不是呈正相关的。恰恰相反，很多人之所以发生争吵和争执，大部分都是因为金钱导致的。由此可见，金钱是祸水，很容易给人招来灾祸，也会导致人际关系不和谐。为了从根源上解决这个问题的发生，最好的办法就是降低自己对于金钱的欲望，绝不为了金钱而放弃人生的底线和原则。

你拥有多少财富？你可曾被问过这个问题，或者可曾在心底里问过自己这个问题。每个人都是与众不同的独特个体，在这个世界上行走有自己的姿势，在这个世界上奔跑也有自己的目的地。既然如此，我们就不能要求人人都整齐划一，奔向共同的目的地，而要尊重人的不同选择，也最大限度地激发出人内心的潜能，让人积极主动主宰和操控人生。

这个世界上，有钱的人有很多，尤其是贫富两极分化，导致人与人之间的财力差距越来越大。那么，有钱的人就一定幸福吗？钱能买得来床，却买不来好睡眠；钱能买得来婚姻，却买不来爱情；钱能买得来医疗，却买不来健康……钱能买到很多东西，所以现代社会没有钱是万万不行的，但是钱也并非万能的，因为只有钱也是绝对不行的。一个亿万富翁哪怕几秒钟的时间里就挣到几千万元，也不会比一个乞丐从他人那里讨得一碗热粥更高兴。由此可见，是否幸福快乐真的与金钱物质无关，而与人对生活的欲望有关。任何情况下，都不要被金钱物质所驱使，更不要成为金钱和物质的奴隶。唯有保持内心淡然平静，才能让人生更加积极主动，也才能让生命绽放光彩。

尤其是随着时代的发展，财富的定义变得越来越宽泛。例如优秀的品质、丰富的人脉资源、良好的人际关系等，都可以划入财富的范畴内。人生从来不是贫瘠的，最重要的在于我们要有一颗聚拢财富的心，这样才能不断奋斗，在人生之中砥砺前行，收获更多。

第02章

没什么可悲伤，一切困难都是为了让我们更强大

面对成功人士的光环，很多人误以为成功人士一定是有独特天赋，或者得到了贵人相助。实际上，大多数成功人士都出身贫苦，家境贫寒，不但没有独特的天赋，更没有殷实的家境作为人生的支撑。他们饱经磨难，比普通人吃了更多的苦，也因为在命运湍急的河流中不断地挣扎沉浮，最终才能到达理想的彼岸。

每个伟大的人都曾经历平凡

很多成功人士成功后无限风光,得到万众敬仰,似乎荣耀的光环一旦加身,整个人都变得不一样了。实际上,如果你羡慕成功人士,觉得成功人士的成功是一蹴而就获得的,那么只能说明你并不曾深入了解过成功人士的过往。大多数成功人士非但没有独特的天赋,也没有贵人相助,就连父母都是名不见经传的,谈何背景呢?他们最大的实力就是平凡,他们愿意接受自己的平凡,也希望在人生的道路上始终孜孜以求,绝不懈怠。他们不以出身论英雄,也从不相信人生路上有所谓的起跑线。哪怕他们出生的时候拥有的一切,与很多富二代、官二代一出生就拥有的一切有着天壤之别,他们也绝不气馁,绝不放弃。他们告诉自己:你可以平凡,但不能平庸;你可以不够伟大,但不能默默无闻。人的一生这么短暂,总要弄出点儿响动来吧!

每一个伟大的人都有平凡的过去,这样平凡的人生经历中既有汗水,也有泪水,甚至还掺杂着鲜血。人生,不会因为起点的高低就有所不同,也不会因为偶然犯下的错误就彻底定型。对于人生,每个人都应该满怀信心,尤其是要记住在人生之中,唯有笑到最后一刻,才是真正的成功。否则，当有小小的成绩就骄傲了，遇到小小的困难和阻碍就放弃了，人生还如何能顺利进展下去呢？

想想那些伟大人物的人生经历吧，原本消沉沮丧的你一定会鼓起所有的勇气，积极主动改变人生，也会在人生的道路上看到与众不同的风景！

饱经磨难，人生才能不断成长

一个人的力量是有限的，而人就是人，既不是上帝，也不是神。所以面对外界客观的人与事情，有的时候明明接受不了，却没有办法改变。这种情况下，应该怎么办呢？是继续与自己较劲，还是努力调整好心态，既然改变不了环境，就努力接受环境呢？当然是后者。如果心平气和不较劲，你就会想到既然外界的一切无法改变，那么我们就应该改变自己，调整好自己的心态，才能始终淡然从容。哪怕在生活中遭遇坎坷挫折，也要始终心怀宽容。古往今来，很多伟大的人物都饱经磨难，但是他们从未放弃生命，而是人生的舵手。例如伟大的科学家霍金，身体重度残疾，却以一颗大脑不断地攀登科学的巅峰。再如海伦，作为一个柔弱的小姑娘，在残酷的命运面前，海伦没有放弃，而是在家庭教师的引导下完成了很多健全孩子也未必能完成的事情。甚至海伦曾经说如果自己是健康的孩子，那么很有可能变得平庸和默默无闻。

磨难是人生的养料。强者汲取磨难的养分，努力搏击人生。磨难也是人生的噩梦，弱者很容易陷入磨难的梦魇中无法自拔，连成长都成为奢望。既然磨难不可逃避，那么唯一的办法就是接受磨难，用心感悟和体会磨难赐予人生的一切。唯有如此，我们才能在生命之中坚持成长，渐渐走向伟大和不平凡。

他的家在贫民窟，是单亲家庭。仅从这两条，我们就可以想象他从小生存的环境多么恶劣。然而，这一切都不能改变他积极向上的心。小小年纪，他就不得不辍学去从事辛苦的工作，只为了混口饭吃。他不仅在陆地上混过，还在海面上混过。甚至有段时间，他去海上当了海盗，整日过着醉生梦死的生活。在特别绝望的时候，他选择自杀，幸好有个渔民救了他，让他的生命得以延续下去。

一生中，他亲眼目睹了生活太多的残酷，他时常需要乞讨，因为他入不敷出，根本无法养活自己。尽管他梦想着拥有一座大房子和一个大大的书房，但他常常感到绝望，觉得自己距离梦想中的生活实在太遥远了。也许正是这个梦想支撑着他与几个铜板去北极圈淘金的吧，可惜最终还是失败了。只有在文字中徜徉时，他才感受到自由和温暖，他最喜欢做的事情就是躺在床上安静地看书，然而他竟然穷到买不起一本刊登着自己作品的杂志。尽管生活如此艰难，他始终在磨难中奋勇向前。他，就是杰克·伦敦，一个伟大的奥地利作家。他去世的前一天，奥地利国王去世，让人惊讶的是，仅仅一夜之隔，他得到的版面比国王更多。很多老师都教育孩子们，如果觉得生活艰难，不如想一想杰克·伦敦吧，这样才知道要怎样努力认真地活着。

人生如果总是顺遂的境遇，人就会变得像温室里的花朵，根本经不起任何风吹雨打，甚至经不起阳光温柔的抚摸。现代社会，人人都想获得成功，都想在与人生的博弈中获胜，那么就该知道，人生从来都不可能一蹴而就获得成功，必须非常辛苦和努力，在苦难面前绝不低头，才能距离成功越来越近。

苦难让人生变得深邃和厚重，尤其是当苦难接连发生时，在给人打击的同时，也让人的心灵变得坚实厚重。很多人羡慕他人在磨难面前的坚毅勇敢，却不知道人并非生而强大，唯有不断地历练和承受，才能让心灵穿上盔甲，才能让人生卓尔不群。

人生没有所谓的起跑线

出身可以卑贱，人生不能贫瘠。如今，很多人都把人人平等挂在嘴边上，却不知道尽管从人格的角度而言人人平等，但是实际上每个人出生时的情况都是各不相同的。例如，有些人一出生就含着金汤匙，有的人一出生就被安排好一切，还有的人出生在穷苦的人家，连饭都吃不饱。从物质的角度而言，人生又是不平等的。正因为如此，如今有很多年轻人都抱怨命运不公平，觉得自己哪怕再努力，穷尽一生，也无法达到很多富二代、官二代一出生就拥有的高度。的确，这样的说法尽管不贴切不恰当，却是情有可原的。人生没有起跑线，但是如果仅仅以物质来衡量人在出生时的拥有，不得不说每个人之间还是有限制差别的。

人的出生是无法选择的。要想改变这种局面，一味地抱怨显然行不通，每个人唯有放下心中所谓的起跑线，努力激发出自身的潜能，才能最大限度地奋勇向前。否则，当人们被内心深处的起跑线禁锢住，又如何能够突破内心的囚牢，顺利地在人生之中大鹏展翅，一飞冲天呢？

古往今来，无数成功人士的事例告诉我们，一个人就算出身贫苦，也可以凭着努力改变命运。所谓的起跑线只会禁锢人的内心，对于人生的激励作用是微乎其微的。记住，不管家境多么穷困，贫穷都不是消极怠工的理由，也不是为自己开脱的借口。无数的成功人士都从贫困和困难中走出来，也正因为接受命运的磨难，他们才拥有坚忍不拔的品质，哪怕历经坎坷也绝不轻易放弃。

和林肯一样，威尔逊也是一个平民总统。他刚刚出生，家里就面临揭不开锅的困境，面对饥饿的孩子们，他的母亲甚至连一片面包都没有。就这样，在饥一顿饱一顿之中，威尔逊渐渐成长。10岁那年，家里再也养不起威尔逊了，他只好离开家，去当了一名学徒工，每年要工作11个月，只有1个月可以去学校里接受教育。

在漫长的11年时间里，威尔逊始终在重复着这样的生活。11年的时间过去，威尔逊拿到了微薄的报酬，只有一头牛和六只羊。威尔逊深知这些报酬来之不易，因而他当即卖掉这些东西，为自己换取了84美元。至此，他的人生已经走过21年，他拿着这沉重的84美元，不敢乱花1分钱。他很清楚，自己必须想办法改变现状，脱离贫穷，否则人生就会彻底陷入困境之中无法自拔。

满21岁后，威尔逊跟着伐木队来到深山老林里，从此之后成为伐木工人。不管走到哪里，威尔逊都没有忘记学习。他像珍惜金钱一样珍惜时间，利用当学徒工的时间读了一千本书。正是有这些图书作为基础，威尔逊才能在演讲方面表现出独特的天赋，最终找到机会进入国会，成为美国曾经的副总统。

作为一个穷人家的孩子，简直连想都不敢想自己有朝一日能成为美国总统。当然，威尔逊也没有想，他并不是因为确立了要当总统的人生梦想，最终才当上总统的。相反，他始终一步一个脚印，踏踏实实向前走去，从不敢有丝毫的懈怠，不断地积累，最终为自己奠定了人生崛起的基础。

贫穷也许会使人在生活和工作遭遇困境，但是贫穷不是罪，任何人不需要为贫穷而感到羞愧。面对人生的困境，威尔逊始终坚持奋斗，在小小年纪去当学徒时，工作那么辛苦，他还坚持利用晚上的时间看书。正是大量的阅读让他完成了自主学习的过程，也使他在最初站上演讲台时就能意气风发，斗志昂扬，也能条分缕析，有理有据。

人生的弱者在贫困中自我放逐，人生的强者在贫困中勇敢地崛起，挑战人生，超越厄运。不管在什么情况下，我们都要更加理性地认识贫困，不要因为贫穷而限制了自己的想象力。人生并没有所谓的起跑线，真正的起跑线在人们的心中，只要人们不被心中的起跑线禁锢住，他们就能坚持奋斗，努力向上，最终超越和实现人生的远大梦想和伟大目标。

用热情点燃生命的引信

仔细想一想,你的心中是否有一团火在熊熊燃烧呢?如果你认为没有,那么很遗憾,你对人生显然缺乏一种重要的品质。这种品质就是热情。每逢过年,很多人都曾经看过,甚至亲手点燃过鞭炮,会发现每个鞭炮都是有引信的。点燃引信之后,引信带动火药燃烧,鞭炮才能爆炸。而如果没有引信,鞭炮根本不会爆炸。人生也像是一枚装满火药的鞭炮,尽管蕴含着巨大的能量,如果缺乏热情作为引信,则会变成哑炮,根本不可能爆炸,发出巨响。

对于人生而言,热情是至关重要且不可取代的。长久以来接受的系统教育决定了我们在学识方面的高度,而具有高强的能力则让我们在生命之中有所成就。但是要想人生有所建树,最重要的就是用热情作为引信,点燃生命。任何情况下,生命都不应该是沉闷的,人唯有保持律动的状态,才能充满积极和热情,也才能在生命的未来创造奇迹。

摩西奶奶只是一个普通的农妇,偶尔会拿起画笔画一幅画,给家里用。此外的时间里,她更喜欢刺绣。而年逾古稀后,摩西的眼神突然不好了,为此她不得不放下绣花针。在家人的鼓励下,摩西奶奶勇敢地拿起画笔,从此之后一发而不可收拾,画作越来越多,越来越好。

家里根本用不完这些画,因而家人把摩西奶奶的画送到商店代销。有个收藏家一下子买走了全部的画,还准备用这些画开画展,这让摩西奶奶闻名于天下。难以想象,自从成功举办画展后,摩西奶奶的画就流传到世界各地。摩西奶奶到底有何神奇之处呢,居然能让自己的画这么畅销，而且受到大多数人的喜爱呢？

不可否认，摩西奶奶在绘画方面的确是有天赋的，但是对于摩西奶奶而言，她最大的成功来源于心底的热情。对于绘画，不管摩西奶奶此前是否接受过专业的训练，也不管摩西奶奶是否真的有潜力成为专业的画家，摩西奶奶无疑都是非常热爱绘画的。她努力认真地下笔，把人物和自然的风景都描绘得恰到好处。也可以说，摩西奶奶是在心的指引下，才成功地挖掘出内心的潜能，彻底地改变了命运。

很多人都觉得自己太老了，不能再做什么事情。实际上，人生不管何时开始都不算晚，因为热情能让人生充满活力，让人生变得生机勃勃。不管何时何处，人生都要满怀热情，当需要小宇宙爆发的时候，不妨毫不犹豫地点燃热情的引信，这样的人生才能够变得卓尔不凡。

面对一地鸡毛的生活，依然要志在远方

前几年电视台热播的电视剧《一地鸡毛》，向人们演绎了一对平凡夫妻的生活。一地鸡毛的名字非常好，因为每一个深入了解和体验生活的人都知道，生活就是一地鸡毛。说起家，相信大多数人都希望自己能在干净清爽的家里生活，而没有人愿意面对凌乱不堪的家。当然，家是可以收拾干净的，只要勤快一些，不要偷懒。但是对于生活的琐碎，却没有那么容易整理好，更不可能真正理清头绪。常言道，家家有本难念的经，这句话告诉我们每个家庭都有自己的烦恼，不管是作为女人还是

作为男人，要想支撑起一个家，都是很难的。

　　细心的人会发现，对于生活，有两种截然不同的人。前者非常有情调，不管生活是顺遂还是艰难，他们始终能调整好心态，理性乐观地面对生活。而后者则显得有些乏味，当在生活中遇到艰难坎坷的境遇时，他们就如同霜打了的茄子一样，蔫头耷脑的，丝毫提不起兴致和精神。你想当前者还是后者呢？前者是哪怕刚刚亲历战争，也能从荒野里采来一捧鲜花点缀家里的。毫无疑问，大多数人都想成为前者。的确，哪怕生活是琐碎的，每个人也应该有一颗热爱生活、追求卓越的心，这样才能在生活的困境中不断地努力向上，既激励了自己，也愉悦了他人。

　　作为美国有史以来的第一位黑人总统，奥巴马的母亲是白人，父亲是黑人。正因为如此，奥巴马的肤色才呈现出浅棕色，而不是父亲那样漆黑的颜色。必须说，拥有双重血统让奥巴马在竞选中占据了优势，不管是白人选民还是黑人选民，都愿意把自己宝贵的一票投给奥巴马。如果你的思维够跳跃，你将会知道我们接下来要讨论的不是奥巴马，而是奥巴马的母亲。在种族歧视非常严重的美国，作为白人姑娘，奥巴马的母亲为何要嫁给老奥巴马呢？

　　奥巴马的母亲叫安·邓纳姆。安出生在一个殷实的中产阶级家庭，从小就活泼开朗，在夏威夷大学，安认识了老奥巴马，并且一见倾心。后来，因为奥巴马出生，安不得不终止学业。等到奥巴马3岁的时候，安提出与老奥巴马离婚。即使年纪轻轻就遭遇婚姻的挫折，安也没有自暴自弃，而是把孩子交给父母，马上又投入学习之中。后来，安再次结婚，并且有了孩子，却最终因为道不同不相为谋，而与对方离婚。离婚后的很长一段时间里，安独自带着两个不同肤色的孩子，依靠研究生津贴生活。她很有生活的情调，从未抱怨过什么，反而醉心于公益事业，努力地生活得更好。因为两次婚姻和生养孩子耽误的论文，安也最终完成。后来，52岁那年，安去世了。

一个白人女孩，先是与黑人结婚生了奥巴马，后来又与印度尼西亚的罗罗·苏托洛结婚，生了孩子。这样一个小小的家庭，有三种不同肤色的人，简直让人称奇。然而安很好地协调了这一切，没有让任何一个孩子因为她的感情生活而感到别扭。不得不说，安是一个很有才情的女子，即使生活对于她而言是一地鸡毛，她也从未凌乱过。

常言道，理想总是丰满的，现实总是骨感的。现实生活中，有多少人因为生活的琐碎而焦头烂额，别说是从野外采摘来一束鲜花了，就算是让他们勉强保持情绪的平静，不要失控，也非常艰难。从本质上而言，这并非外界的原因导致的，而是因为内部的原因产生的。一个女性对于生活的浪漫和理解，是出于本能，决定于她们自身的素质和涵养。不管生活多么艰难，都不要当一地鸡毛的女子。有人说家的样子就是妈妈的样子，那么作为女性要成为贤惠的好妈妈，让自己干净清爽，让家干净清爽，这样人生也才能秩序井然。

勇气，才是成功的敲门砖

即使有再好的想法，而没有勇气把这些想法变成现实，那么想法也会落空，成为不折不扣的空想，给人生平添几分遗憾。对于任何人而言，勇气都是有了好创意之后的必备素质，因为有勇气的人才能真正展开行动，迈出通往成功的第一步。

从这个角度而言，勇气不但是成功的敲门砖，更是成功的必备素质。然而，勇气到底来自于哪里呢？有人回答心底，当然，勇气必须是发自内心的，否则就成为外强中干的纸老虎。真正的勇气来自于心底，却并非与生俱来，而是在漫长的成长过程中通过不断的锻炼获得的。更多人的勇气，是从生命的苦难中得到的。他们每一次战胜苦难，都让自己获得新生，不断地挑战和超越自我，从而让生命变得充实厚重，越发丰盈。

大学毕业后没过多长时间，罗斯福就开始从政。他似乎有政治天赋，在政坛上如鱼得水，游刃有余，而且成就也有目共睹。直到1920年，在参加总统竞选时，柯立芝击败了罗斯福，罗斯福才暂时退出政坛，准备积蓄力量，蓄势待发。就在此期间，他发生了意外。

1921年8月10日，罗斯福扑灭了一场山火后，大汗淋淋，汗流浃背，因而迫不及待地跳入了芬迪湾游泳。结果，已经人到中年的他患上了严重的小儿麻痹症，他最初还梦想着自己的病情能够好转，后来却发现情况不断恶化，他的双腿完全麻痹，而且上身也有类似的症状出现。最终，他浑身麻痹，大小便失禁。和病痛相比，精神上的折磨让罗斯福更难以接受。他才39岁啊，人生正值壮年，却遭遇这样的厄运，他觉得简直生不如死。然而，在痛苦的心情有所平静后，罗斯福决定战胜这种只有孩子才会得的娃娃病，他相信自己这一生不会被所谓的小儿麻痹症击倒。

罗斯福开始努力锻炼身体，争取最大限度恢复。尽管他的肌肉就像剥掉皮肤暴露在空气中那样稍微一动就疼，但是他依然坚持在栏杆之间挪动身体。渐渐地，他可以拄着拐杖四处行走了，每一天他都要求自己比前一天多走几步，如此日积月累，罗斯福终于在特制的器械帮助下站起来了。罗斯福不满足于恢复普通寻常的日子，在1924年又参加了总统竞选，并且成功入主白宫。

如果没有勇气站起来，重新开始，也许罗斯福注定要永远躺在病床上，自怨自艾度过下半生。幸好罗斯福是非常坚强的，从肉体到精神都承受住双重的打击，所以才能真正站起来，再次主宰自己的人生，在政坛上树立起一面旗帜。

如果没有这场打击，罗斯福未必能够顺利竞选成为总统。人生之中，没有任何一段经历是白白经历的，每一段经历都会给予人生不同的历练和体验，都会让人在生命的历程中变得深沉和灼热。苦难是人心灵的养料，正是在苦难的滋养下，人的心灵才变得越来越充实。任何时候，不管遭遇命运怎样的挫折和磨难，作为人生的强者，都要努力向上，绝不屈服。人生，一定要怀着勇气，只有有勇气开始，有勇气经历，人生才会有别样的风景。

一味逃避，永远不可能获得成功

现实生活中，人人都想品尝成功的滋味，而逃避失败的痛苦。实际上，失败是逃避不开的，因为任何事情中成功与失败的概率都是对等的，既然如此，如何还能逃避失败呢？为了避免受到失败的打击，有人就想出了一个自认为绝妙的主意，即为了避免失败，索性什么都不去做了，这样一来失败自然不会找上门来。然而，失败真的如此可怕吗？换个角度来讲，这种无所作为的逃避方式真的好吗？一味地逃避，固然远离了失败，但是无所作为的人生，也同时彻底与成功绝缘。

就像人活着就必然要经受坎坷和挫折一样，每个人在尝试的过程中，都会遭遇成功和失败。成功与失败的概率对等，各占50%，所以没有人有绝对的把握避开失败。在这种情况下，采取无所作为的方式固然远离了失败，但同时彻底错过了成功，这样一来，逃避还有什么意义呢？一个人如果只会知道逃避，尽管不会再失败了，但是也不可能成功了。从某种意义上而言，这种逃避的方式比承受失败更可怕。因为人们可以从失败中汲取经验和教训，从而让下一次尝试拥有更大的胜算。然而无所作为，人的各种能力都会退化，非但不能提升成功的可能性，反而会使失败的概率更大。如此一来，这当然是一笔不划算的买卖了。

前文说过，人应该有热情，有勇气，才能勇敢迈出实际行动的第一步，让自己切实接近成功。实际上，人除了要有勇气，还应该敢于冒险。对于那些超出自己能力范围，需要努力才有可能实现的事情，仅仅有勇气是不够的，唯有富于冒险的精神，才能让人生进入崭新的天地。

第02章
没什么可悲伤，一切困难都是为了让我们更强大

玛丽有很多兄弟姐妹，因为家里孩子众多，父母无形中就忽略了排行居中的玛丽。在长久的成长过程中，玛丽始终没有得到足够的关爱和重视，这让她变得胆小怯懦，缺乏自信。尽管作为乖乖女的玛丽后来恋爱、结婚都很顺利，但是婚姻的成功也无法帮助她消除自卑。每当需要出席社交场合的时候，她都如坐针毡，甚至为此而排斥去任何人多的公开场合。

只有在家中的厨房里，玛丽才能找回自信。尤其是闻着自己亲手做的点心在烤箱里散发出香甜的味道，玛丽觉得内心充满了喜悦，人生似乎都因此而变得香甜起来。那一刻，玛丽把所有的自卑和胆怯都彻底扔掉了，她只知道自己是个妙手生花的烘焙大师。思来想去，玛丽决定去开一家糕点屋。在她心里，制作糕点就像从事艺术工作一样，让她全身心放松，也能感受到成就感。

玛丽说出了自己的决定，然而全家人都表示反对，没有任何人支持她做出这样疯狂的举动。因为玛丽原本在出版社工作，是不折不扣的白领，有着很高的薪水和一定的社会地位。为何玛丽要放弃这么好的工作，去开出力不讨好的糕点屋呢？没有人知道原因。最终，丈夫最先妥协了，在确定玛丽的确是经过深思熟虑且也不会后悔之后，丈夫甚至给了玛丽一笔资金，让玛丽去运作。2个月后，糕点屋正式开业，闻着屋子里浓郁的香味，看着玛丽脸上明媚轻松的笑容，丈夫感到非常欣慰。

玛丽之所以要开糕点屋，最深层次的心理原因，是她想要找回属于自己的自信。当然，玛丽的自卑有很复杂的原因，还要追溯到童年时期，所以丈夫不理解也是正常的。而玛丽内心深处知道自己渴望被关

注，渴望被认可，所以她想从事自己最喜欢做也最擅长的烘焙工作，从而给自己一个崭新的开始。

  人总是需要冒险精神的。当很多人都不知道你的初衷时，最好的方法就是坚定不移地相信自己的内心，并且拥有顽强的精神和意志力，才能让自己在人生的道路上越走越远。记住，当你无法做决定，就让心给你指引吧！相信我，你一定不会因为冒险而后悔。

第 03 章

你有那么多的坏情绪,哪还有时间去感受美好

心就像一个容器,如果里面装满了自卑,就没有自尊自爱的立锥之地。对于每个人而言,人生固然是美好的,然而坏情绪一旦泛滥,就会让人生乌云遮蔽,再也不见天日。要想拥有幸福美好的人生,一定要赶走坏情绪,拥有好情绪,从而让自己拥有一双善于发现美好的眼睛,拥有一颗敏感细腻、获得幸福的心灵。

赶走心中的自卑者

尤其是二十世纪七八十年代出生的人,从小就被灌输"我不重要"的思想。在学校教育中,他们被灌输集体为大,在家庭教育中,他们被灌输"哥哥姐姐、弟弟妹妹更重要"的思想,因而日久天长,就渐渐养成了"我不重要"的观点。众所周知,思想意识一旦形成,很难改变,尤其是当自卑在内心深处扎根,则更容易让人生走入歧途。试想,一个自卑的人如何能够做到自尊自爱呢?最重要的在于每个人都要调整好自己的心态,赶走心中的自卑,从而让人生更加从容坦然,也让未来豁达乐观。

不管是在生活中还是在工作中,自卑者往往束手束脚。他们自觉身份卑微,因而不敢大声说话,不管做什么事情都害怕遭到他人的嘲笑和挖苦讽刺。渐渐地,他们失去了自由,变成了不折不扣的套中人。可想而知,在这样的心态下他们做事情会更加小心翼翼,甚至过度谨慎。其实,人生总该有机会放肆地笑一笑,无所顾忌地哭一哭,也要不顾一切地冒险一次。这不是不自量力,而是更加尊重和相信自己的表现。

对于每个人而言,最糟糕的事情不是被他人否定和放弃,而是自己

第03章
你有那么多的坏情绪，哪还有时间去感受美好

始终否定自己，对自己充满质疑，无法接受自己。自卑者总是把爱自己的希望寄托在他人身上，觉得必须要非常努力，面面俱到，才能得到他人的爱，才能证明自身的价值。毫无疑问，一个不懂得爱自己的人是不完美的，他们缺乏自尊，不够自信，也总是因为精神上的分裂而变得面目全非，失去了自尊自爱的能力。正是因为每个人都无法放下固执的自我，所以才在爱自己的道路上走得那么艰难，无法做到随心所欲，更不能从容淡然。

就在准备订婚的前不久，小米在商场里看到男朋友和另外一个女孩拥吻在一起。那一刻，小米觉得内心彻底崩溃，她无法控制自己，因而失去理智地冲上去，质问男朋友："你为何要这么对我？她，到底是谁？"看到东窗事发，男朋友反而很淡然，对小米说："对不起，我们还是不要结婚了，我讨厌婚姻，只想享受自由自在的爱情。这是豆丁，我很爱她，她也爱我。"听到男朋友的话，小米冲动地过去撕扯男朋友，歇斯底里地喊道："我为你付出了大好的青春年华，既然你不爱我，那么你就要跟我一起去死。"说完，小米就把男朋友拖到马路边，想要和男朋友一起撞车身亡。幸好家里人及时赶来，才避免了这一场惨剧。

回到家里，在家人的开导下，小米终于打消了自杀的念头，但是她很郁闷，因为她不知道人生到底要如何度过。痛定思痛，她把此前和男朋友在一起时想吃而又不敢吃的美食都吃了个遍。原来，和前男友在一起时，小米因为担心发胖，为了保持苗条的身材，简直过着如同苦行僧一般的生活。暴饮暴食的小米一下子长胖很多，但是每当享受美食时，

她的心情都会变得越来越好。

在这个事例中，小米之所以因为男朋友的抛弃而感到痛不欲生，一则是因为失去了一段美好的感情，二则也是因为她在此前与男友恋爱的过程中，始终都在以男朋友的标准活着，而完全迷失了自己。正因为如此，她才觉得自己的付出都是不值得的，所以感到愤愤不平。现实生活中，很多女孩都会犯和小米一样的错误，她们为了男朋友的喜好而保持纤细的身材，或者故意吃很多食物让自己变得圆润，或者保留长发，等等。当然，用一定的形式表达对男友的深情厚意是无可指责的，最关键的在于不能为了一味地讨好男朋友，而让人生失去乐趣，迷失自我。

每个人都要自爱自尊自重，唯有更好地面对自己，珍惜自己，才能真正得到他人的喜爱与尊重。否则，如果在生命中完全迷失自我，只知道为他人活着，那么人生就会变得紧张而又局促，也会因此而陷入困境。现实生活中，不要因为任何原因而迷失自我，更不要因为任何原因轻易改变自己。一个人如果不爱自己，也就没有资格得到他人的爱，这是爱情中亘古不变的真理。同样的道理，在生活和工作中，每个人只有赶走心中的自卑，才能最大限度地打开心扉，让自己傲然屹立于人生。

接受自己的"不完美"

这个世界上没有绝对完美的事物，也没有绝对完美的人。每个人要想在生命的历程中拥有完美，只能是奢望。因此要调整好心态，明白自己只能无限接近完美，而不能拥有绝对完美的道理。过分追求完美不但求之而不得，还会影响人们的心情，当因为不完美而变得内心焦躁不安时，一切都会变得面目全非。为此，每个人都要调整好自己的心态，才能渐渐地从不完美到接近完美，最终让人生以自己所期望的样子出现。

很久以前，有个圆圈失去了一个角，因而变得不再完整。为了找回失去的那个角，圆圈四处奔波，只想尽早让自己恢复完美。然而，圆圈找啊找啊，找了很久也没有找到丢失的角，不过在寻找角的过程中，它因为不完整所以滚动很慢，也借此机会看到了很多美丽的景色，有时间去思考人生的意义。后来，圆圈终于找到了自己丢失的角，它很高兴，当即把角复原，让自己成为完整的圆圈。没想到，如此一来，圆圈在下坡的时候根本刹不住车，居然就那样骨碌骨碌滚下来了，连山坡上有只什么小动物在吃草都没看清楚。圆圈感慨万千：原来过于完美也不见得是一件好事情，跑得太快就没有办法欣赏美景了。

现实生活中，很多人也和圆圈一样，总是觉得自己不够完美，因而想方设法追求完美。殊不知，完美对于每个人来说未必都是好事情，因为过分完美会让生命匆忙，而作为生命的主宰者也就没有时间思考生命，更没有机会欣赏生命历程中一去不返的美丽景色。既然如此，就不要着急完美。在生命之中，得到和失去原本就是互相转化的，得到也是失去，失去也是得到，每个人都要学会接纳不够完美的自己，悦纳自己，要学会接受生命中的残缺，让自己坦然面对人生。

从心理学的角度而言，很多人之所以感到苦恼，并非是因为觉得人生不够完美，而是内心深处始终对人生怀有遗憾。众所周知，人生的很多苦难都是因为误解的存在，尤其是很多人都误以为只有好好表现，让自己展现十全十美，才能得到他人的认可。毫无疑问，这是因为活在他人的眼光里，所以才让自己变得非常痛苦，无法自处。要想改变这种局面，最重要的就在于调整好心态，从而才能让自己从容接受生命中意外的惊喜或者惊吓。毋庸置疑，没有任何人能够改变生命的历程，最重要的在于要调整好内心的状态，才能兵来将挡，水来土掩，淡然以对人生。

现实生活中，每个人对于人生都有自己的设想，有人觉得人生一定要获得成功，有人觉得人生应该岁月静好。总而言之，每个人对于人生的态度都是截然不同的，然而无论如何人生不会完全顺从人们的心意，呈现出人们所期望的样子。面对人生的不足，就像一块美玉上面也会有微小的瑕疵一样，必须摆正心态，从容接受，才能让人生更顺遂如意。

此外还需要注意的是，一个人无须过分在意他人的看法和想法，否则一味地活在他人的标准之中，将会非常疲劳和辛苦。记住，这个世界上根本没有所谓的完美，唯有更加从容理性地面对人生，才能知道什么是美好，什么是不足。拥有一颗平常心，对于人生而言是最大的幸运。因为只有怀着平静的心态面对命运的磨难，才能真正超越心中的藩篱，走过人生的困境，也才能让人生更充实自由，拥有更多的机会获得成功。

人生不是一场游戏，没有重来的机会。人生的现状是无法改变的，你可以想尽办法推动人生向前发展，却没有办法让人生回头，从如今的不满意到此前的满意，因为光阴不可能逆转。既然如此，就让我们坦然接受命运的馈赠吧，无论如何，一切都是命运最好的安排。等到有一天走过去之后，蓦然回首时，你会感谢这段人生的经历，也会从中受益匪浅。对于不完美，一定要调整好心态，不要心怀抵触。只有接受不完美的存在，悦纳残缺的人生，一切才会朝着美好的方向发展。

降低欲望，收获幸福

庄子曾经说过，知足者，不以利自累也。这句话告诉我们，一个人唯有知足，才不会被利益所驱动，也不会受到利益的拖累。在古罗马，大名鼎鼎的哲学家塞涅卡也曾经说过，一个人如果不珍惜自己现在拥有的一切，那么即使用全世界也无法填满他空虚的内心，更无法使他感到幸福。由此可见，有智慧的人都充分意识到一个道理，那就是唯有拥有一颗知足的心，一个人才真正称得上是幸福的。

曾经有心理学家经过研究发现，欲望与幸福之间成反比的关系。这也就意味着一个人欲望越低，越容易获得幸福，而一个人欲望越高，越有可能失去幸福。也许有人说欲望是人生的驱动力，能激励人们不断向前，实际上，只有适度的欲望才能驱动人们努力，而欲望一旦过度，就会变成人生的枷锁，禁锢人们的心灵，让人们因此而陷入欲望的泥沼无法自拔。尤其是现代社会正处于飞速发展之中，人的欲望也越来越多，更多人崇尚奢侈品消费，以此证明自己的身份，彰显自己的实力，或者仅仅是用来炫耀自己。不得不说，人心是浮躁的，因此有了更加深重的欲望。

　　细心的人会发现，大多数人之所以被烦恼侵扰，就是因为深陷欲望的深渊。还有些人总是处于疲惫麻木状态，也是因为欲望在作祟。为了避免成为欲望的奴隶，我们一定要降低欲望，才能沉住气，才能让内心变得更加安宁沉稳。还记得世界经典的吝啬鬼葛朗台吗？他纵然拥有很多财富，却被财富拖累，因而导致人生郁郁寡欢，从未尽情享受过幸福。所以有人说，挣钱是痛苦的，花钱是快乐的，而也有人说，挣钱是痛苦的，花钱是更痛苦的。这是因为前者相比起后者更看得开，知道挣钱的目的是为了消费，而后者则是典型的守财奴，既努力辛苦地挣钱，也不愿意花费自己挣来的每一分钱。所谓知足常乐，指的是人们知道自己的生存所需，也能够做到基本满足生存所需，在此基础上不再为金钱和物质所累，而是能够合理分配时间和精力，也让自己有机会尽情享受生活。

　　从生存的本质上来说，每个人要想生存下去，其实只需要很少的物质作为支撑。这也正是人们常说的，一个人即使再有钱，也只吃一日三餐，安睡的时候只需要一张床。当拥有了更多的财富，明智的人知道如何处理和分配财富，而不是一味地守着财富，贪婪吝啬。现代社会提倡极简生活，就是要把欲望降低，从而让自己哪怕只得到很少的物质，也能更加幸福从容地面对人生。正如大文豪托尔斯泰所说，欲望越小，幸福越大。这句话看似简简单单，实际上蕴含着深刻的道理。古往今来，大凡有所成就者都是清心寡欲的，而那些深陷欲望的泥沼无法自拔的人，则总是被欲望重压，无法摆脱，人生也因此而变得沉重，苦不堪言。

尤其是当面临诱惑时,人更应该合理控制自己的欲望,不要因为一时欲望泛滥,就犯下大错。还记得《人民的名义》中,开篇就被抓起来的那个穷苦人家出身的处长吗?他原本对于自己的生活非常满意,毕竟他已经摆脱了面朝黄土背朝天的命运,然而在一次又一次的诱惑面前,他最终还是没有把持住自己,收受了他人贿赂的巨款。然而,当拿到巨款之后,他又不敢留下,只能全部都隐藏起来,偶尔看一看,过过眼瘾。再说说书记老高,老高根本不爱钱,为了腐蚀他,别有用心的人们用美色来诱惑他。原本一生清廉的老高,就这样被拉下水,导致仕途戛然而止,自己也锒铛入狱。

如果没有欲望,人生该是多么清廉。正是因为有了欲望的存在,人生才会面对窘境,也才会因此而陷入歧途。常言道,知足常乐,每个人都要降低自己的欲望,懂得感恩,懂得满足,才能发挥自制力,让自己适时而止,也让自己在人生中有更加出色和优秀的表现。

主宰欲望,驾驭人生

当一个人无法控制自己的内心,被欲望死死压住,那么欲望就会导致人生陷入困境,也会使人成为欲望的奴隶,永远无法脱身。对于人生而言,一味地沉浸在欲望之中当然不是好事情,前文说过欲望与幸福是成反比的,这也就意味着欲望越多,人生越不幸福;欲望越低,人生也就越幸福。从这个角度而言，一个人应该主宰欲望，才能真正驾驭人生，畅享人生。

现实生活中，我们总是被各种各样的欲望所迷惑。在这样的情况下，与其沉沦在欲望之中迷失自己，不如控制好欲望，让人生变得简单，让内心拥有节制，从而才能避免自己陷入欲望的深渊之中无法自拔，也才能让人生变得更从容淡然。有欲望是人的本能，原本无可厚非，最不应该的是无限扩大欲望，最终导致人生索求无度，进而导致人生陷入困局，无法解开。

一个人，如果连自己的欲望都不能控制，还能把握什么呢？说起来固然是这个道理，但是真正做起来，的确有相当一部分人都无法主宰欲望，更不可能驾驭人生。尤其是很多人自制力比较差，在欲望面前总是贪得无厌，甚至让自己陷入欲望的深渊无法自拔。不可否认，每个人既然活着，就不可能完全消除欲望。最重要的是控制欲望，主宰欲望，这样才能有计划地设计人生，也才能尽情地享受人生。欲望就和自由一样，人们常说世界上没有绝对的自由，很多自由都是在法律和道德规范约束下的自由，这句话很有道理。欲望也是如此，欲望和人不能享受完全的自由一样，但是却可以在正常限度内，对于人生的发展起到积极的推动作用。

很久以前，有个农夫家境贫苦，因而他很勤奋，几乎每天都天不亮就起床，或者去田地里辛苦地劳作，或者去山里砍柴。有一天，农夫起得很早，天才蒙蒙亮，他就已经来到大山里了。雾气朦胧中，走过来一个老奶奶。老奶奶对农夫说："我知道你每天都很辛苦地工作，但是却依然生活贫苦。我送一个魔戒给你，这个魔戒能帮助你实现很多愿望，只要你说出自己想要的东西，就可以了。不过，这个魔戒对于每个人的魔力只有一次，所以你必须慎重说出愿望，否则没有第二次机会。"

农夫欣喜万分，赶紧拿着魔戒朝着家里走去。路上，农夫遇到一个商人，便兴致勃勃地向商人讲述了自己得到魔戒的经过。商人起了歹念，撒谎说自己距离家还很遥远，因而请求去农夫家里住宿。农夫很热情，答应了商人的请求。次日早晨起床，农夫发现商人不见了，却发现屋子里有一大堆金子。农夫心中升起不好的预感，赶紧挪开金子，果然，商人被金子压死了。原来，商人偷走了农夫的戒指，迫不及待地说出愿望，所以才会被金子压死。

农夫把魔戒的威力讲给妻子听，妻子也兴奋不已，当即就让农夫许愿有大片的土地。农夫仔细想了想，说："这个魔戒威力很大，我觉得咱们还是不要轻易许愿，毕竟机会只有一次呢！我们还是像以前一样劳作，这样等到日子实在艰难时，再让魔戒帮忙，如何？"妻子觉得农夫说的很有道理，当即表示认可。一段时间之后，农夫挣了一些钱，为自己购买了奶牛和山羊。后来，他们的日子越过越好，而始终没有向魔戒求助。等到白发苍苍的时候，农夫和妻子扔掉魔戒，告诫孩子们一定要勤劳，要降低欲望，才能得到命运的馈赠。

农夫很明智，尤其在看到商人被金子压死之后，农夫从最初得到魔戒的兴奋中恢复平静和理智，因而有效降低欲望，也告诉自己只有通过双手才能改变生活。正是因为这样的理性，也因为不吝惜力气，农夫才能真正改变命运，彻底扭转人生的局面。

现实生活中，每个人都有各种各样的欲望，一则人们要学会控制欲望，二则人们也要学会主宰欲望。唯有让欲望顺从人生，而不要如同脱缰的野马一样在人生中捣乱，人们才能更加理性地认识欲望，也才能让欲望对人生起到积极的推动作用。凡事皆有度，过度犹不及，面对欲望，人人都要保持理性，也要追求有度。

不要被无足轻重的事扰乱心绪

古人云，成大事者，不拘小节。这句话告诉我们，一个真正做大事的人，是不会把注意力都集中在小事情上的。如果总是因为小事而斤斤计较，心中放不下，如何能够集中更多的时间和精力做好大事呢？也许有人会说，古人又云，一屋不扫，何以扫天下。实际上，这两句话并不相互矛盾。前者是不拘小节，后者是做好细节，都是为了成功做准备。

曾经有心理学家经过研究发现，很多人的忧虑都是毫无意义的，其中大多数忧虑不会真正发生，有些忧虑反而会对事情的发展起到相反的作用，导致事与愿违。既然如此，我们为何要忧虑呢？不可否认的是，命运的确不是公平的，每一件事情也不会完全按照我们的期望去发展。要想不被烦恼侵扰，就要学会保持冷静，不管是面对不公平的命运，还是面对与我们本心相违背的事情走向，我们都要理智冷静，这样才能让智力维持在正常水平，也才能以高情商面面兼顾地解决问题。

生活中不仅有大事，还有很多小事，成就大事者不会被无足轻重的小事扰乱心绪。否则，不但心慌意乱，对于解决问题也没有实质性的帮助，反而导致事情变得更糟糕。尤其是对于生活的琐碎，与其斤斤计较，不如放宽心胸，积极乐观地面对。记住，每个人的时间和精力都是有限的，人不可能凡事都兼顾到，在处理问题时也不可能面面俱到。既然如此，就要准确区分事情的轻重缓急，有效筛选，做到有的放矢，以最高的效率解决问题。

在俄国西部，亚历山大大帝骑着马四处溜达。当到达一家客栈时，为了更加贴近民众，他把马寄存在客栈的马厩里，就开始徒步向前。他就像中国古代的皇帝微服私访一样，穿着普通的衣服，看起来和普通老百姓没有什么区别。当他准备走回客栈时，面对三岔路口，居然想不起来自己应该走哪条路回到客栈了。思来想去，他决定等一等，等到有人经过的时候再问路，也好选择正确的道路继续前进。

亚历山大大帝一直站在路边耐心地等候，没过多久，来了一个穿着军装的军人。亚历山大大帝赶紧招手，军人直到马的前蹄都快碰到亚历山大大帝了，才勒住马，趾高气昂地站在亚历山大大帝面前。亚历山大大帝很有礼貌地问："请问，去客栈应该走哪条路？"军人就坐在马背上，对亚历山大大帝说："左边那条路。"说完，军人正准备策马离开，亚历山大大帝继续问："再麻烦问下，大概需要走多远呢？"军人明显不耐烦起来说："大概1英里。"话音没落，军人已经策马前行了。这时，亚历山大大帝喊道："辛苦你，我还想问你一个问题。"军人扭头厌烦地看着亚历山大大帝，亚历山大大帝问："请问你是什么军衔？"军人有些得意，说："你猜。"亚历山大大帝问："是中尉吗？"军人明显表现出不屑一顾的神情，说："还要更高点儿。""少校？"亚历山大大帝继续试探地问。"再猜。"军人有些沾沾自喜。亚历山大大帝说："那么你一定是少校。"军人高兴极了，说："对啊，你一开始就要这样大胆猜啊！"

亚历山大大帝赶紧向军人敬礼，说："我也是军人。"军人调转马头，饶有兴致地看着亚历山大大帝，说："你是什么军衔？"亚历山大大帝笑呵呵地说："你也猜。"军人先是猜了中尉，后来猜了上尉，最后猜了少校，让他惊讶的是，这些回答都错了。他马上下马，毕恭毕敬地继续猜："您一定是将军，或者是部长吧！"亚历山大大帝依然笑呵呵的，说："继续猜，快接近答案了。"军人说："您居然是陆军元帅啊！"亚历山大大帝脸上依然表现出笑容，说："再猜最后一次。"军人突然觉得心脏怦怦直跳，他对亚历山大大帝说："陛下。您是陛下。您怎么在这里，请您饶恕我啊！"说完，军人扑通一下跪倒在亚历山大大帝面前。亚历山大大帝笑着说："不要这么紧张啊，你很好，还给我指路，根本不需要我饶恕！"

换作一个心思狭隘的人，明明自己官衔比对方高，却要毕恭毕敬地向对方问路，忍受对方趾高气昂的样子，一定会非常恼火。但是亚历山大大帝心胸开阔，一看就是干大事的人，并没有因为这点儿小小的事情与军人闹得不愉快，相反，他还真心感谢军人指路。不得不说，仅仅是这种气势，就是普通人所不能比的。

一个人要想天高地远，就要拥有一颗宽容友善的心。否则总是因为各种小事情与他人之间发生矛盾，导致自己也郁郁寡欢，无疑是得不偿失的。宽容不但是一种胸怀，一种气度，更是一种为人处世的智慧。一个人一定要宽容他人，因为宽容他人就是宽宥自己，更能够帮助自己在各种糟糕的境遇中收获幸福与快乐。

宽容的人，更懂得幸福真谛

人人都知道宽容的道理，但是人人也都会犯相同的错误，那就是在面对人生的困境时，总是情不自禁地抱怨。对于该记住的，他们很快就忘记了，对于该忘记的，他们却始终牢牢地镌刻在心里。很多人还以好记性为骄傲，因为他们一旦与人发生争吵，甚至能把十年前的糟糕事情都说出来。殊不知，这样的好记性不但无法给人生助力，对人生起到积极的作用，反而会让人生因为始终牢记着不该记住的事情，而陷入悲伤和沉痛之中。很多事情如果不能及时忘记，就会像石头一样重重地压在人们的心底。由此可见，一个人唯有懂得宽容，学会适时地忘记，才能收获幸福，也才能领悟人生真谛。

郑板桥曾经说过，难得糊涂。这句话告诉我们，人生不是精确数学，不能斤斤计较，工于算计，而是模糊数学，很多时候都要四舍五入，甚至彻底忘却。举个最简单的例子，对于他人给予我们的好处，我们是应该牢牢记在心中，一则可以感念他人的恩情，二则可以在他人有需要的时候，拼尽全力帮助他人。与此恰恰相反，对于他人的坏处，我们则要学会忘记，否则长久地记住他人对我们的伤害，不但无法原谅他人，还会导致我们的内心也非常沉重。该忘记的时候忘记，该记住的时候记住，人生才能顺势而为，进入崭新的人生境界。

西方的心理学家把人分成好几个层次，有本我、自我与超我。在中国，人们把人的本能称为兽性，把人经过驯化表现出来的优秀品质，称为人性。当然，兽性只是一种夸张的说法而已，人与动物是有着本质不同的。然而，一旦置身于特定的环境之中，人的兽性也就会表现出来，例如总是表现出很多本能，喜欢与人攀比，喜欢记仇，喜欢对他人开展打击报复。所以人性才总是占据上风，对人生起到积极的指导和推动作用。

很久以前，有个法师正准备出门，却被一个低着头往寺庙里冲进来的彪形大汉撞了个正着。大汉的力道很大，法师也因为毫无防备，眼镜应声跌落，摔得粉碎。这还不算完，在被撞的过程中，法师的鼻梁也被眼镜刺破了。法师当即捡起眼镜框，原本正等着大汉向他道歉呢，却没想到大汉非但不道歉，反而倒打一耙，极其不讲理地埋怨法师："你戴个眼镜干吗呢，差点儿把我撞倒了。"法师感到很恼火："这个莽汉差点撞倒我，还把我的眼镜也弄碎了，居然不道歉，反过来埋怨我！"然而，他转念一想："与其与这个莽汉争吵，闹得都不高兴，还不如宽容他，这样也可以以德报怨。"想到这里，法师笑起来，说："的确对不起，是我没有看见你。"莽汉自知无理狡辩，因而看到法师丝毫不生气，非常惊讶："和尚，你怎么不怪我呢，我明明是故意责怪你啊！"法师笑了，说："生气有什么好处呢，既不能让我的鼻梁复原，也不能让眼镜恢复如初，只会导致我的心情恶劣。你这么五大三粗的，我可不想因为口舌之争再与你打架斗殴。况且，我们既没有早一分，也没有晚一分，恰恰就在这里相撞，也是缘分啊！"听了法师的话，莽汉羞愧得低下了头。

面对莽汉的伤害和无理狡辩，法师没有生气，反而还诚心诚意向莽汉道歉，这让无理狡辩三分的莽汉都觉得不好意思了。的确正如法师所说，能够相撞也是缘分，不管是好的缘分还是孽缘，这一撞也许就结下了好的缘分，或者消除了孽缘，实实在在是一件好事情。

现实生活中，很多人都会因为各种各样的事情与他人之间发生矛盾和纠结，一言不合大打出手的事情在现实生活中也并不罕见。与其因为这些琐事而扰乱心情，不如调整好心态，让自己保持心平气和，对人更加宽容。这样才能以德报怨，也才能以看似漫不经心的举动化解人与人之间的怨气与戾气，取得皆大欢喜的结果。

第04章

你有足够的坚持，才听得到终点的欢呼

如果缺乏坚持的精神和毅力，哪怕是一件微小的事情，也无法做到圆满。唯有足够坚持，人们才能看到希望所在，也才能用尽全力到达终点。要想获得成功，固然有很多方面的因素需要考虑，但是唯有坚持，是绝对不可或缺的。世界上从来没有天上掉馅饼的好事情，也没有一蹴而就的成功，唯有坚持才能取得胜利。

信念坚定，助力你奔向人生目标

当一个人有充分的自信，他就会爆发出强大的力量，也会真正获得成功。正所谓相信相信的力量，不仅仅针对他人，也针对自己。人的信念具有无穷的魔力，一旦真正确定目标，每个人就应该坚定信心，持之以恒，哪怕遇到再大的困境也绝不动摇和放弃。从某种意义上而言，坚定不移的信念是获取成功的力量，也是不断奔向成功的跳板。缺乏这个跳板，人生也许会在失败中沉沦，无法上岸，拥有这个跳板，人生才能继续向前，勇往无前。

人生不如意十之八九，非但如此，很多时候人生还会面临诸多的困境，甚至有可能陷入绝境。如果没有信念，人生就像失去动力的小船，在海面上颠沛流离。唯有在信念的支撑下，人生才有方向，未来才有目标。所以最重要的不但要确立人生目标，还要让人生更加坚定从容，勇往无前。任何好的想法和创意，一旦离开实际行动作为支撑，就会变得支离破碎。所以信念也是人生的腰带，把人生束缚得更强大结实，让人生越来越拥有力量。

作为一个普通的渔民，50多岁的艾格尽管失去了妻子，不得不一个人抚养7个孩子,却依然满怀信心。因为他会捕鱼,即使别人都捕捉不到鱼,他也能有所收获。这让他的孩子饿不着,始终能吃饱饭,也能健康地成长。

艾格非常勤奋,每天都天不亮起床。他告诉自己,既然别人的孩子都有妈妈,自己的孩子却没有,那么就要更加辛苦,才能让孩子生活得好。这么想着,艾格驾驶着小船来到了自己的"地盘",很快他就捕捉到好几条鱼,他感到很高兴,因为按照这样的形势,他不但能供给孩子们吃鱼,还能换点儿钱给孩子买其他食物呢!正在这么想着,发动机的声音突然减弱了,到最后马达彻底罢工,小船在海面上漂浮。艾格起初还不是很担心,因为附近来来往往的渔船很多,他总能碰到过路的船,把他带回去。然而,一整夜过去,艾格没有看到任何船只,海流把他带到不知所踪的地方。以后,他在海面上漂流了100多天,才靠近岛屿。可想而知这100多天艾格是多么艰难才能度过,但是他始终有一个坚定的信念,那就是与家人团聚,抚养孩子们长大。正是靠着这个信念的支撑,艾格才能活着回到陆地上,才能创造生命的奇迹。

在绝境之下,艾格最大的愿望就是能活着回到陆地上,回到孩子们的身边,继续陪伴和抚养孩子们成长。正是这个信念的支撑,他才能实现自己毕生最伟大的目标——活下去。作为普通人,简直难以想象一个人在海上缺衣少食的情况下居然能活过4个月,但是艾格做到了。每一天的每一个时刻,他都在提醒自己要坚强,绝不要放弃。也正是因为如此,信念才能支撑着他一天一天地活下来,勇敢地接受人生绝境的挑战。

当然，作为普通人，我们未必会经历如此残酷的生活环境，但不可否认的是，我们在人生中也会经历各种各样的困境。与其因为人生面对绝境而放弃，不如坚定信念，不到最后一刻绝不放弃，这样才能迎来人生的柳暗花明，也真正拥有人生的生机勃勃。

笑到最后的人，笑得最美

人生是一个漫长的旅程，从来不以起点的高低来预判一个人的结局，因为太多的人在狗血的人生剧情中逆转，越是生命对待他们那么残酷无情，他们越是能够坚强起来，挺直脊梁，扛着人生的大旗，向着人生的巅峰发起冲锋。

在人生没有真正落幕之前，谁也不知道人生最终的结局将会如何，所以人人都要像好莱坞大片中的主角一样，拥有打不死的精神，在人生奄奄一息的时刻也依然坚持奋斗和努力，最终就会真的拥有美好的人生。常言道，笑到最后的人，笑得最美。的确如此，否则哪怕前面笑得花枝乱颤，最后却被命运追击得落花流水，又有什么意思呢？

每个人的命运都掌握在自己手中，除了自己之外，没有任何人能真正改变你的命运。明白了这个道理，你才会以更加自由从容的态度面对人生，才能在人生之中真正崛起，给予自己截然不同的未来。

在偏僻的农村，有个男孩每天都要早早起床去学校，因为他的家离学校比较近，所以他要去学校点燃老式的煤油炉，这样老师和同学们来到教室里才会感受到温暖。一直以来，老师和同学们也已经习惯了这样的待遇，并且都对男孩非常感谢。然而有一天，当老师和同学们来到教室时，却发现教室里火舌肆虐，他们想尽办法才把男孩从火海中救出来。然而，男孩被救出来的时候已经严重烧伤，尤其是下半身，更是惨不忍睹。因为吸入了过量的二氧化碳，男孩陷入昏迷之中，气息奄奄。

在医生的紧急救治下，男孩好不容易才从死神的手心里逃脱，然而，他睁开眼睛听到的第一句话就是："孩子伤得太严重了，尤其是下半身都已经出现碳化，也许能勉强支撑几天，但是很难活下去。"男孩听到这句话流出了眼泪，他在心里暗暗告诉自己："我要活下去，我不想死。"男孩度过了最艰难的危险期，熬过了命悬一线的整个星期，但是医生又告诉妈妈："孩子的下半身烧伤严重，只怕以后要卧病在床了，很难恢复行走能力。"男孩这次没有哭，既然已经活下来了，他相信自己一定能够战胜困难，重新下地走路。

在医院里度过了漫长的几个月之后，男孩的病情稳定了，跟随爸爸妈妈回到家里休养。然而，他的双脚始终处于麻木的状态，这让他绝望，也让他更加坚定不移要学会行走。从最初只能坐在轮椅上，到后来开始在草地上爬行，渐渐地，男孩居然能用双脚支撑自己的身体了，还学会了跑步。让所有医生都觉得难以置信的是，最终男孩不但走跑自如，而且还成为了一名非常优秀的田径队员。

笑到最后的人，才能笑得最好，事例中的男孩原本已经被医生宣布了死刑，却凭着顽强的意志力从死神手中挣脱。后来更是非常努力地练习，帮助自己康复，才能成功地恢复走跑跳的能力，居然成为了优秀的田径队员。不得不说,正是在信念的支撑下男孩才能决不放弃,也才能打破命运的魔咒,跑出精彩的人生。

没有人的一生是一帆风顺的,每个人在人生之中都会遭遇风雨泥泞,都会遇到坎坷挫折。与其为了命运多劫而伤心地哭泣,或者哀叹,不如勇敢地鼓起勇气,在命运之中崛起,这样反而能成为征服命运的强者,也能得到命运特殊的眷顾和最好的对待。

坚持1万小时,就能成就卓越

对于每个人而言,最大的敌人不是恶劣的外部环境,也不是迷失自我的人生目标,而是自己。自我如同一匹野马,一旦脱缰就无法控制,而当被驯服时,又会成为千里马,在人生的境遇中不断地创造生命的奇迹。毫无疑问,一个人要想坚持下去,必须战胜自我,越是在艰难坎坷的境遇中,越是要坚持不放弃,战胜内心胆怯懦弱的自己,这样才能战胜客观外界,也才能让人生有截然不同的发展和成就。可以说,对于一个能够战胜自我,驾驭人生的人而言,没有任何困难能够难倒他们。

在心理学上,有1万小时定律,意思是说一个人不管做什么事情,唯有坚持1万个小时,才会有所成就。为了证实这个定律的正确,还曾经有心理学家以自己的孩子作为研究对象。这位心理学家让孩子们都从事一项学习,每天都要坚持不懈,尽管孩子们对于学习的内容不是很感兴趣,但是当他们按照父亲的安排去做之后,他们发现自己不知不觉间就获得了成功，成为了某个领域的专家。这就是1万小时定律的神奇之处，对于全职的人而言，以每个工作日工作8小时来进行计算，完成1万小时需要五年的时间。而如果以业余水平，按照每天都工作3个小时来看，1万小时定律需要坚持十年就能完成。总而言之，1万小时是每个走向成功的必经之路，任何人要想获得成功，都需要付出长久的努力和坚持。

古人云，十年磨一剑，其实与1万小时定律也有着异曲同工之妙。不管是谁，要想真正有所成就，就必须坚持1万小时定律。当然，做有兴趣的事情能够在1万小时之中事半功倍，即使是做不感兴趣的事情，只要能坚持一万小时，也会取得让人喜出望外的效果。当然，1万小时只是一个概数，而并非指的是每个人都必须达到1万小时才能成功，或者每个人只要达到1万小时就一定能获得成功。总而言之，在通往成功的道路上充满荆棘和坎坷，每个人都必须端正心态，采取正确的方式和方法，才能让自己在时光的流转中发酵，最终收获丰硕的成果。

如今，国家提倡工匠精神，要求每个人要想掌握独特的技艺，必须拥有工匠精神，从而才能在工作上拥有优秀且杰出的表现。任何技艺，绝不是朝夕之间就能形成的，尤其是对于很多手工业者而言，更需要付出长久的努力和坚持不懈的打磨，人生才会进入崭新的境界。总而言之，没有人能随随便便成功，每个人要想做成与众不同的事情，就必须非常用心和努力，并且坚持不懈，最终才会有与众不同的成就，让生命变得鲜活。

记住，一个人获得成功也许会比1万个小时多，也许会比1万个小时少，然而努力都是必需的，都是不可省略的。任何情况下，我们都要在生命中坚定不移地奔向前方，才能更成功，也才能让人生真正璀璨绽放。

坚持，你就能把不会变成会

人人都有自己的优势和长处，也有自己的劣势和不足。然而，最可怕的是只看到自己的优势和长处，却没有看到自己的劣势和不足，也就无从弥补。这就像只有知道自己犯了错才能改正错误一样，一个人如果压根不知道自己哪里做错了，就始终无法改正错误。仅从这点来看，我们必须非常努力，争取对自己有客观公正的认知，而不要一味地迷信自己。相信自己固然重要，但是迷信自己却会导致闭目塞听，使得事情的发展完全超出意外。

在这个世界上，很多人不珍惜自己健全的身体，而唯有看到他人的身体有所残缺时，他们才会意识到拥有健康是多么值得庆幸的事情。无论如何，一个人只有坚持，才能把不会变成会，甚至顽强的毅力，还能弥补人们在身体上的缺陷，让人最大限度地发挥自身的能力，获得成功。

罗吉刚刚出生就被医生断言得了五指症，这个疾病与他的症状恰恰相符，包括手脚在内，他的确只有五个指头。爸爸刚刚看到罗吉的时候，简直被吓到了，罗吉的右前臂上有一个类似于拇指的凸起，左前臂上有一个类似于拇指和一根手指的凸起。他根本没有手掌，这些类似于

第04章
你有足够的坚持，才听得到终点的欢呼

手指的东西都是直接长在手臂上的。另外，罗吉的左脚不断萎缩，后来无法保留，就被锯掉了。而他的右边脚掌上，长着三个脚趾。这种疾病非常可怕，概率很低，但是罗吉就是这么不幸，被这种先天性疾病砸中。医生断言，罗吉也许能活下来，但是只能依靠他人的照顾，卧病在床。

幸好，罗吉的父母内心足够强大，他们从未放弃罗吉，也不因为罗吉的重度残疾就对罗吉特殊照顾。爸爸妈妈都告诫罗吉："如果你觉得自己是严重残疾，你就是严重残疾。如果你觉得自己只是和别人有小小的不同，你就能够把自己看作是正常的孩子，你的表现也会越来越好。"正是在爸爸妈妈的引导下，小小年纪的罗吉尽量像正常的孩子一样生活，而从没有拖延任何事情。

在爸爸的鼓励下，罗吉还很爱运动。但是，他残缺不全的肢体还是给他的运动带来了很大的阻碍。即便如此，罗吉也没有放弃运动。直到找到了一个古怪的球拍，他居然在运动方面表现出特殊的天赋。他最喜欢打网球，居然成为专业教练，对于这样一个重度残疾的身体来说，可想而知罗吉付出了多少努力。对于自己的身体，罗吉很善待，他总是说："我的残障是显而易见的，所以我可以克服他们，有很多人看似有健全的肢体，他们的残障却在心里。只要坚持努力，我总能学会那些不会做的事情，从而全心全意面对人生。"

对于这样一个身患罕见五指症的孩子，难以想象罗吉不但活下来了，而且还能跑能跳，能做很多正常人都能做的事情。尤其是在网球方面，他还表现出特殊的天赋，也凭着坚忍不拔的毅力努力练习，最终让

自己获得成功。古人云，有志者事竟成，这句话用在罗吉身上再适合不过了。正是因为罗吉从不放弃努力，而且始终在坚持不懈地努力向前，所以罗吉才能获得真正的成功，破格以重度残障的身体却得到美国职业网球协会的认可，成为专业教练。的确，罗吉做到了，一切他不能做的事情，他都努力尝试去做，还把其中可以做好的事情做到了极致。

每个人都有残障，只不过有人的残障表现在身体上，有人的残障始终埋藏在心底里。对于能够看到的残障，当然可以努力弥补，而对于看不见的残障，要想弥补就很难了。所以人人都要客观认知和评价自己，当从他人那里得到中肯的意见时，既不要盲目排斥，也不要妄自菲薄，就像疾病，总是不能讳疾忌医，否则就会导致很严重的后果。朋友们，要学会正视自己的弱点和不足，唯有如此，才能最大限度地激发出自身的潜能，爆发出小宇宙的力量。

坚持不懈，才能到达终点

很多人与成功结缘，很多人与失败纠缠，前者与后者之间最大的区别在哪里呢？既不是天赋，也不在于是否真正开始，而在于坚持。真正的成功者哪怕面对艰难坎坷，也能始终坚持不懈，绝不轻易放弃。而失败者一旦遭遇小小的打击和挫折，就会马上放弃，因此让自己徘徊不前。

人生中有很多事情需要人们去完成，诸如学习、生活、工作等。

第 04 章
你有足够的坚持，才听得到终点的欢呼

不管面对哪件事情，要想圆满完成，要想顺利实现，坚持都是唯一的选择。一个人仅仅确立目标还不够，仅仅制订计划也依然距离成功很遥远，唯有坚持不懈到达终点，才算真正圆满。当得知自己能成功的时候去坚持，是很容易的，因为随时随地都能看到希望在向自己招手。然而，如果知道自己正在从事的一切注定是一场失败的旅程，却依然能够坚持不懈，这样的精神才让人倍加感动。因为这样的坚持不是为了赢得胜利，而是为了在与自己的角逐中真正胜出。

在墨西哥举行的马拉松比赛中，非洲选手安赫瓦里因为不适应高原的气候环境和寒冷，不小心摔了一跤，马上就天旋地转，倒在地上，还导致一只肩膀脱臼，一只膝盖受伤。当即，他的腿部就开始流血，脱臼的肩膀也疼痛不已。随行的医护人员马上对安赫瓦里进行救治，给他简单包扎，并且让他去救护车上休息，等到其他选手结束比赛。出乎救护人员的意料，安赫瓦里拒绝了他们的好意，而是一瘸一拐地继续比赛。

原本在队友中相对领先的安赫瓦里，很快就成为整个队伍中的最后一名。他每跑一步，膝盖都钻心地疼痛，鲜血也渗透了包扎的纱布，滴落到赛道上。大概距离比赛开始2个小时，选手们都跑到终点，完成了比赛。距离比赛开始3个小时时，颁奖典礼都结束了，观众们离开观赛点，人群渐渐消散。而在距离比赛开始4个小时的时候，突然传来消息：赛道上，还有选手在比赛。原来，这个选手就是孤独的安赫瓦里。记者问安赫瓦里为何不放弃，因为注定无法赢得比赛，安赫瓦里却说："我万里迢迢来到这里，不仅仅是为了参加比赛，而是为了完成比赛。"直到距离比赛开始5个小时时，安赫瓦里终于一瘸一拐到达终点。他不是最后一

名，因为在他之后，有18名选手都中途终止了比赛。和他们相比，安赫瓦里是不折不扣的成功者，尽管没有鲜花和奖杯在等待着他，他却完成了一个人的朝圣。

在马拉松比赛中赛程不到一半的时候受伤，还有多少人能忍受着身体的病痛，就算是爬也要爬到终点呢？在这样的情况下，比赛已经不单纯是比赛，而是得到了升华，成为比赛者对于自己的涅槃。人生之中，每个人都要更加积极主动地面对人生，即使遇到困境也绝不放弃，即使面对困难也能勇往直前，这才是人生竞赛者应有的态度。

一个人可以不在乎比赛的成就，但是不能不在乎自己对于比赛的态度。很多时候，成就只是次要的，最重要的在于人们在比赛的过程中真正超越了自己，圆满了梦想。这就像很多父母对于孩子的要求一样，不要求孩子一定要取得多么优秀的成绩，但是要求孩子必须在学习上拼尽全力。尽力就好，也许不能夺得第一，但要成为自己心中不折不扣的英雄。

一杯柠檬茶的等待

你如果想喝一杯白开水，当然可以马上喝到嘴边，但是如果你觉得白开水索然无味，而是想要喝一杯柠檬茶，那么你就要耐心等待。因为哪怕只是比白开水多一点点滋味的柠檬茶，也需要经历12个小时的等待，并不是马上就能喝到嘴里的。

第04章
你有足够的坚持，才听得到终点的欢呼

每个人在生命中都要承受各种各样的琐碎，经历形形色色的烦恼。然而，生活就像白开水，没有发酵，也无须等待，自然变得急切和浮躁。唯有多多付出时间，付出经历，给予人生更多的耐心与细致，你才会发现很多事情其实比你想象的更好，远远不像你想象的那么糟糕。这样一来，你当然要更加用心，才能在生命之中拥有更多，创造更多，才能在人生之中经得起等待，收获更多。

一对年轻的小情侣在咖啡馆里闲坐，说着说着，突然间发生了激烈的争吵，男孩生气地走开了，只有女孩还留在原处暗自掉眼泪。女孩心慌意乱，也愤愤不平，因而下意识地拿起柠檬茶里的汤匙，仿佛泄恨般捣着柠檬片。杯子的茶瞬间变得混浊起来，女孩喝了一口，被那浓重的苦涩刺激到了，紧紧地皱起眉头。

女孩当即大声喊来服务生，要求重新来一杯柠檬茶，但是要去掉皮。服务生默默地看着女孩，一语不发地收走那杯不堪入目的柠檬茶，又给女孩拿了一杯新的柠檬茶。女孩看着柠檬茶，质问服务生："为何还有柠檬皮，我让你剥皮的，你难道不知道吗？"服务生似乎看透了女孩的心情，温柔地说："女士，请您耐心等待，柠檬茶之所以清甜爽口，正是因为柠檬皮的苦味溶解于水之中形成的。但是，你要给柠檬茶一点时间，而不要急于挤压它，否则它的味道会让你难以忍受。"女孩很纳闷："那么，柠檬茶需要多久才能最香甜呢？"服务生笑了，耐心地回答："需要12个小时。要想得到一杯最好的柠檬茶，你要控制住自己在12个小时里耐心等待，不要急于求成。"服务生说完后正准备离开，看着女孩红肿的眼睛，他忍不住又对女孩说："不仅泡茶，人生中

的很多事情也需要12个小时的忍耐和等待。12个小时之后，你会发现一切并不糟糕。"女孩若有所思，盯着眼前的柠檬茶。

　　回到家里，女孩亲手切了一个柠檬泡茶，这才发现又小又圆的柠檬薄片真的会呼吸。女孩耐心地等啊等啊，直到等够了12个小时，她真的喝到了味道绝佳的柠檬茶。正当此时，门铃响了，女孩打开门，看到一大束娇艳欲滴的玫瑰，而玫瑰后面是男孩写满真诚的脸。后来，女孩与男孩约定再有任何矛盾的时候，都要耐下心等待一杯柠檬茶。

　　对于人生的很多事情，急躁并不能真正解决问题，唯有静下心来认真地倾听内心的声音，才能让一切都朝着好的方向发展。老司机都知道，遇到信号灯的时候宁停三分，不抢一秒。作为人生的驾驭者，我们每个人也要坚持这样的原则，千万不要企图用3分钟就把一杯柠檬茶捣烂。唯有耐心细致地等待，不催促，才能目睹柠檬茶的绽放。

　　不管何时，人生都需要等待，因为每一件事情都不可能是一蹴而就的，更不可能马上就获得成功。在人生的道路上，一个人唯有耐心静心，才能冲泡出一杯恰到好处的柠檬茶，也才能最大限度地改变人生的困境，守得云开见月明。

第05章

任悲伤逆流成河，我自岿然品茗焚香

人生的河流中，从来不是只有欢喜，没有悲伤，大多数人的人生，都要在悲伤之中反复的沉沦，才能在河流中起起伏伏，勉强呼吸一口空气。人们常说淹死的都是会水的，那么如果你不谙水性，又如何在人生之中成功上岸呢？当绝望袭来，你依然要心中怀有希望和热情的光，保持一份淡然和宁静，才能求得自保，在人生之中修成正果。

愿你是茶，经得起沸水的冲泡

如果你会喝茶，你一定知道，冲泡一杯好茶，只有好茶叶是远远不够的，还要有合适的器皿，要有温度适宜的水。大多数茶叶都要在沸水的冲泡下，才能不断地舒展，散发出茶香。否则，如果水温不够，茶叶根本无法释放出味道，如果水温过高，又会让茶叶失去生命力。原来，冲泡一杯茶也有这么多的讲究，所以才衍生出茶道文化，让冲泡一杯茶成为享受，也成为对心灵的洗涤。

人在一生之中也许偶尔感受到幸福，但是大多数情况下，都会被悲伤侵袭。人生也许不是处处春暖花开，却处处都有悲伤弥漫，这是生活亘古不变的真理。细心的朋友们会发现，行走在大街上，看着熙熙攘攘的人群中一张张忙碌的脸，仅从表面看起来他们乐观自信，而一旦深入内心，就会发现他们的心底弥漫着不可名状的悲伤，也渗透出深深的绝望。悲伤与哭泣不同，哭泣不但是一种心情，更是宣泄心情的一种方式。大多数人之所以哭泣，都是内心的情绪如同水满则溢，因而才会情不自禁地流淌出来。而悲伤呢，就像是心情的幕布，也像是心情的背景，就那么浅浅淡淡，挂在每一个人的心里。

要想知道自己是一杯怎样的茶，就要了解自己，客观评价和衡量自己。对于每个人而言，自己都是最熟悉的陌生人，每当看着镜子里百看不厌的脸，你是否心中也会闪过一丝丝的陌生感：这真的是我的脸吗？为何如此熟悉，却又如此陌生呢？为何如此亲近，却又如此疏远呢？你甚至还会情不自禁地伸出手去摸一摸自己的脸，想要验证它的真实性，也想要证明这真的是你的脸。

在你的眼中，你是什么样子的？当被问及这个问题时，相信很多人都会认真思考，因为他们尽管对自己非常熟悉，却从未想过要认真理性地评价自己。他们想了想，也许会觉得自己的脸太胖了，也许觉得自己的身材过于娇小，还有人嫌弃自己皮肤黝黑，总而言之，很少有人对自己感到非常满意的。这是为什么呢？人人都有缺陷，这一点毋庸置疑，遗憾的是人人都只看到了自己的缺点和不足，而很少看到自己的优点和长处，这也是很多人都不能理智客观评价自己的原因，更是导致很多人都对自己不满意的根源。

特别是女性朋友，对自己不满的现象更为常见。她们对自己的很多地方都不满意，尤其是在以瘦为美的现代社会，更是有很多女性朋友因为肥胖而陷入苦恼的深渊。记得在某一期的《中国好声音》节目中，有个女孩以独特的嗓音拼入决赛，据说她的体重曾经达到二百斤，也为此非常自卑，甚至不能正视自己。直到在《好声音》的舞台上绽放，她才能相对从容地面对自己，也因为减肥成功，才找回了一点点自信。

人的很多方面是上天注定的，是无法改变的。与其因为这些方面而暗自悲伤，不如最大限度地接纳自己，怀着喜悦的心情欣赏自己，这样才能让人生改变状态，从自卑到自信，从紧张局促，到坦然从容。活着就是幸运，想想吧，生命是多么神奇，在大千世界里，只有那偶然的相遇才能恰好造就你。既然如此，为何要抱怨自己，对自己怨声载道呢？

每个人都是这个世界上最美丽的天使，有的人身体残疾，而有的人内心残缺，同样都会遭遇困境，让人生困难重重。所以朋友们，放松心情吧，要相信你的坚持，最终会让生活的苦难被冲泡开，散发出迷人的香味。

生活，在以你想象不到的方式爱你

对于生活，每个人都有自己的憧憬。怀春的少女期待着生活赐予她们骑着白马的王子，这个王子能力很强，总是能把每一件事情都做得恰到好处、面面俱到，也会给予她们全方位的关爱与呵护。男孩对于生活的幻想截然不同，他们希望自己成为超酷的机车侠，能够愤世嫉俗、拯救众生于水火之中，可以说每个男孩都有一个英雄梦，都希望自己的人生在梦幻与现实的交错中变得与众不同。然而，命运总是残酷的，正如人们常说的，理想是丰满的，现实是骨感的，很多时候，骨感的现实就是这么深深地刺痛着丰满的理想，导致人生陷入困境之中，人人都怀疑自己是否压根就不该来到这个世界上。

尤其是当意外的惊吓接踵而至时，你简直感到迷惘，不知道自己下一步的人生要如何去走，才能避开一个个如同黑洞般的陷阱。你就这样彻底迷惑，在生命的历程中不知所踪，也压根不知道生活接下来还会如何对待自己。大多数人对于爱的理解都失之偏颇了，爱固然能让生活不断地奋发向前，却也会让生活变得面目全非。不管是否是你欢迎的方式，生活都在深重地爱着你，以它固有的方式。

淑红10岁的时候失去父亲，那个时候她的哥哥15岁。从此之后，妈妈一个人承担起抚养她与哥哥的责任，从来不叫苦，也不喊累。妈妈只是一个普通的农村妇女，爸爸在世的时候，妈妈去过的最远地方是十里路之外的娘家。妈妈也不识字，可想而知这样一个女人要如何辛苦，才能支撑起一个家。

淑红当然不可能上学了，因而小小年纪就跟随村里大一些的女孩四处打工。因为不够年纪，她只能得到很少的报酬。就这样左摇右晃，转眼之间，淑红已经18岁了。她渐渐有了思想，不再是盲目地跟在姐妹身后干活。她好不容易才做通妈妈的工作，一个人背起行囊去大城市打拼。妈妈无论如何也不敢想象淑红一个人在千里之外无依无靠的地方如何生活，然而每个星期淑红的电话都按时打过来，这才算安慰了妈妈的焦心如焚。

又是一个十年过去，淑红在大城市站稳了脚跟，拥有了一家发廊，而且还想把妈妈接过去享福呢。妈妈不知道女儿这十年是怎么过的，但是看着阳光坚毅的女儿，妈妈暗自庆幸：这孩子出息了。

海伦如果不是因为一场突如其来的猩红热导致听力、视力丧失，也就不会成为盲聋哑儿童，更不可能有后来的人生。对于自己的际遇，海伦曾经说过："如果我很健全，我就不能成为今天的我。"从这句话不难看出，海伦尽管期待着拥有光明，但是对于自己的人生还是相对满意的。也许这样的磨难正是上天爱她的方式吧。事例中的淑红也命运坎坷，然而如果有父亲，她也许会像大多数农村的女孩一样按部就班地结婚生子，永远也不会走出家门去看一看，更别奢望在大城市里安家落户了。所以说，人都是被逼出来的，把人生逼入绝境，也是命运特别偏爱人的方式。

很多时候，我们猝不及防被生活狠狠地打了一巴掌，一下子就蒙了，甚至不知道人生的方向在哪里。实际上，生活之所以狠狠地打了你一个巴掌，并不是为了让你痛得失去方向，而是为了让你因为痛苦而清醒。毕竟，如果在人生之中始终顺遂如意，不经历任何风雨，并不是一件好事情。每个人都要记住，生活不是一场秀，而是一场地地道道的挫折教育。与其被生活摧残与折磨，不如更好地认知生活，在生活中勇敢地站起来，直面生活的残酷。当经历苦难而再次站起来，我们会变得更坚强，会拥有顽强的意志力。所以朋友们，无论生活怎样对待你们，都把生活当成是一场历练，这样你的心才会变得更坚强，你也才能真正用心地体悟生活对你的诚挚之爱。

命运不会青睐垂头丧气的你

在心理学上有一个名词，叫作习得性无助。这个名词来自于对狗的实验，即把狗关在笼子里，每当狗想要离开笼子而碰到笼子时，就会被电流打击。如此反复之后，即使心理学家打开笼子，狗也不敢再接近笼子了，而是会在靠近笼子时莫名其妙出现被电击的症状。原来，狗已经被强化练习，导致产生了条件反射。对于人而言，也会有这样的情况发生，那就是在经常性地垂头丧气之后，导致情绪越来越糟糕，甚至没有坏事发生，也会蔫头耷脑、沮丧绝望。

换个角度来想，如果人可以习得性无助，那么一定也能够习得性快乐。这个理论是提出习得性无助的心理学家赛里格曼提出来的，归因于人看事物的角度，而角度则决定了人是乐观还是悲观。有人认为所谓乐观其实有自我麻痹的意味，是自欺欺人，实际上这种理解是错误的。乐观是一种心态，唯有对人生豁达且有超强领悟力的人，才能发现乐观的作用。和乐观的人相比，那些悲观的人满心抱怨，只记住了命运亏欠他们什么，从未想过他们从命运那里得到了多少馈赠。难怪有人说，地狱与天堂，就在人心的一念之间。想要得到命运的善待，我们就要更加积极主动乐观，而要想不被命运亏待，更要远离抱怨与牢骚。

现实生活中，人们总是羡慕那些平静淡然的人，似乎不管人生怎么变迁，他们始终都能勇往直前，悲也不大悲，喜也不大喜。难道是因为他们更有悟性，修炼到家了吗？当然不是。而是因为他们很清楚生活原本就具有两面性，不管是好还是不好，都是生活理所当然呈现的样子。既然如此，为何要因为意外的惊喜或者惊吓而过分改变自己呢？内心宁静，生活才会循着既定轨迹向前，人生才会拥有更美好的呈现。

想明白这一点，你还会因为生活没有按照你所期望的样子出现而变得垂头丧气、沮丧万分吗？既然哭着也是一天，笑着也是一天，我们当然要选择笑着度过人生的每一天，而不要选择哭着度过人生的每一天。嗨，你垂头丧气的样子真的很难看，你能不能笑一笑，让生活折射出你的笑脸，也回馈给你笑脸呢？

办公室里的一个男孩原本清爽干净，也很勤快，嘴巴还甜，很讨人喜欢。然而，从昨天开始，男孩变得衣衫不整，满身酒气和烟味，让人路过他身边的时候都忍不住捏住鼻子。这是怎么了？

一天中午，男孩神经质地在咖啡室隔壁的抽烟室里走来走去，一只手拿着电话，一只手拿着烟。看着男孩紧张的样子，路过的女同事暗暗好笑：原来，男人失恋都是这样的。突然，电话响了起来，男孩第一时间拿起电话放在耳边，而且手还不停地颤抖着。激动地说了几句话之后，男孩突然把电话摔到地上，自己也绝望地蹲在地上，抱头哭泣。这把路过的女同事吓住了，看着敞开的窗户，女同事暗暗想道：不会一时冲动跳下去吧，还是再找个男同事来保护一下为好。

结果，不等女同事去找男同事，男孩就擦干眼泪走了出来。接下来的一个星期，男孩如同行尸走肉一般，虽然人天天都来办公室里坐着，但是所有的工作都停下来了。最终，上司只好通知男孩：如果你继续这样下去，我也保不住你。这句话使男孩如同醍醐灌顶，男孩突然意识到女朋友和人跑了还可以再找，如果没有工作，就真的无法生存下去了。从此之后，男孩又恢复了以前的可爱和勤奋，再也没有人能从他脸上洞察他是如何脱单的，如何又失恋了。

恋爱与工作原本就是两码事，偏偏有很多年轻人拎不清，一旦失恋，恨不得向全世界宣告自己的痛彻心扉。实际上，你就算失恋十次又与他人有什么关系呢？家家有本难念的经，人人都有自己的烦恼，当然不能因为自己私人的事情就影响工作。尤其是因为个人问题而在工作中愁眉不展、垂头丧气，这非但无法赢得他人的同情，还会招致他人的反感。记住，任何一家公司都不是慈善机构，每个人唯有更好地处理好自己的情绪和感情，才能成为职场强人。

人生在世，谁还没有点儿忧愁和苦恼呢。如果有了小小的不顺利就迁怒于他人，或者为此垂头丧气，那么十有八九，人生会陷入更大的困境，而难以有所好转。记住，人生不是乞求来的，当你把自己的伤口暴露在他人面前，只会让自己更痛苦，而根本于事无补。最重要的在于把握现在，活好当下，而不要杞人忧天，更不要沉浸在曾经的痛苦中无法自拔。人生总是要向前看的，唯有向前，才有希望，也唯有向前，才能找到出路。

与其费尽心思，不如随遇而安

江苏卫视知名主持人孟非出版了《随遇而安》，即使从未看过书的人，仅从这个书名就可以管中窥豹，知道书的内容。再从前几年孟非和乐嘉在《非诚勿扰》节目上的随意逗乐、抖包袱给人带来的欢乐看，也许他们骨子里都是认真的人，却在生活中表现出随遇而安的样子。仅从字面来理解，随遇而安就是走到哪里，哪里就是家，纵然流浪天涯，却是四海为家，心中不会感到不安。

人生之中，充满了太多的意外，既有惊喜，也有惊吓，与其被生活的洪流裹挟着朝前走，不如随遇而安，这样至少能心安是归处。遗憾的是，现实生活中，真正能做到随遇而安的人越来越少了。尤其是随着时代的发展，社会的进步，每个人对于生活都有了更高的奢望、更琐碎的要求。大多数人被自己的欲望推动着朝前走，再也没有了以往对生活的顺从和坦然。

说起成功，每个人的奢望和憧憬都截然不同。有人觉得人生就应该是波澜壮阔的，有人却很务实，觉得人生就应该踏实本分。实际上，每个人都是这个世界上特立独行的生命个体，每个人的人生都应该呈现出自己所期待的样子，这也就注定了每个人的成功都是截然不同的，都是各具特色的。既然如此，最大的成功是什么？既不是复制他人的成功，也不是踩着他人的脚步跟随他人的足迹走到人生的终点，而是就这样顺从人生的趋势，走到自己理应到达的地方。

和几十年前相比，如今的孩子生活得太累了。父母在承受艰难的中年生活和巨大的工作压力时，也情不自禁地把这种压力和艰难转嫁给孩子。于是，为了让孩子不输在起跑线上，无数父母争先恐后地给孩子报名参加各种各样的培训班和兴趣班，导致孩子每到周末的时候比工作日更加辛苦和劳累。还有的父母把自己没有完成的梦想都寄托在孩子身上，使得孩子小小年纪就感受到生命的无奈和沉重。所以，与其说现代的教育有问题，不如说是大部分父母都患上了严重的教育焦虑症。

一直以来，很多人对于人生都有误解，总觉得理想中的人生一定要靠着大量的金钱才能获得。殊不知，幸福与否与有多少钱之间真的没有必然的联系。很多人虽然贫穷，却生活得有滋有味，在粗茶淡饭中也能品尝到人生的真味。有的人尽管有钱，却生活得紧张局促，整日为了钱奔波，而彻底忘记了赚钱的目的是做什么。在如今越来越快的生活节奏中，每个人都需要慢下来，享受慢节奏的生活，给予自己的人生更多的选择空间。

古人云，踏破铁鞋无觅处，得来全不费工夫。就是告诉我们，很多情况下费尽心思而求之不得，但是放下来，却能够轻而易举得到。这就是人生的奇怪之处，却也为我们揭示了生命的真谛。真正成功的人生不以拥有多少金钱和物质作为衡量，因为哪怕有再多的钱，不能把生活过成自己想要的样子，人生就是不如意的。相反，拥有自己想要的人生，这才是最大的幸福，也是真正的欢喜。记住，人是钱的主宰，而不是钱的奴隶。真正的成功是能够让钱给自己提供随心所欲、真正自由的生活，而不是被钱驱使着，去做违心的事情，去说违心的话。真正的成功，是在生命中拥有自由，既可以出入高档西餐厅和私房菜馆，也能坐在路边摊与志趣相投的朋友们吃着烤串。当钱在生活中变得无足轻重，我们也就真正成为人生的强者和成功者。

生活不止眼前的苟且，还有诗和远方

一个有钱有闲又花容月貌的阔太太，把日子过成诗，并不值得人羡慕。相反，那些住在出租房里，整日不是挤地铁就是挤公交，而且还要披星戴月加班的打工妹，如果能把日子过成诗，才是真正值得人钦佩。

看到这里，相信很多人都会惊掉了下巴：一个打工妹，怎么浪漫呢？男朋友还不知道在哪里，一个人苦哈哈地在举目无亲的地方拼搏，能坚持下来就已经很不容易了，怎么可能还有浪漫和诗意呢？浪漫不是应该只属于有钱有闲的人吗？其实，这完全是对浪漫的误解。大多数人都觉得浪漫一定是要用金钱堆砌的，实际上浪漫是对生活的态度，哪怕没有钱，只要拥有一颗浪漫的心，也可以浪漫。

在第二次世界大战结束后，有个考察团去了满目疮痍的德国考察。因为战火纷飞，德国一片狼藉，房屋都被炸弹轰塌了，破旧不堪。然而，当走进一户户人家时，考察团的人发现，大多数人家里的餐桌上都摆放着一瓶鲜花。鲜花不是买来的，而是从野外采摘来的，看起来还带着清晨的露水，散发出勃勃生机。看到这样的情况，考察团的人都感慨万千。领队说：只看这鲜花，就知道德国还会崛起，因为德国的人民心中都有希望在绽放。

对于才刚刚遭受战争的摧残、饱经沧桑的国家而言，它的人民按理来说根本没有闲情逸致和情怀去浪漫，然而，这种对生命的热情，是刻在骨子里的，不会褪色。家还没有收拾好，德国的民众就先在餐桌上摆放鲜花，由此可见他们心灵的创伤已经快速愈合了。

真正的浪漫不是用钱堆砌出来的，而是一种生活的态度，是人生的品质，更是不可缺少的情趣。记住，充满浪漫和诗意的生活不仅仅属于少数有钱人，还属于每一个人。正如一首歌里所唱的："我想去桂林，有时间的时候没有钱，有了钱却没有时间。"对于浪漫，原本应该是一生相守的，千万不要犯这样的错误——在有时间的时候没钱浪漫，等到有钱了却又没有时间和心思享受浪漫。下班路上，随手摘一朵花放在花瓶里，就是浪漫；为爱人准备一顿没有红酒和牛排的烛光晚餐，也是浪漫；在月明星稀的夜晚，与爱人手挽着手散步，就是浪漫；在母亲节的时候为妈妈买一束花，还是浪漫……真正的浪漫渗透到生活的本质之中，和金钱无关，和对待人生的态度有关。唯有把平凡的日子过出诗意，才是真正的镌刻在骨子里的浪漫。

你要活得精彩，才能得到世界的喝彩

人人都渴望有出色的表现，从而让自己出类拔萃，出人头地。然而，成功从来不是一蹴而就的事情，当无数人都跌倒在通往成功的道路上时，你也可能因此而摔倒在地，甚至无法爬起来。当你匍匐在地上逃避着残酷的现实和激烈的竞争时，比起那些踩踏在你的身上匆匆忙忙奔向前方的人，你有什么资格抱怨自己不曾得到命运的善待呢？命运总是公平的，它为一个人关上一扇门，还会为一个人打开一扇窗。真正的强者从来不会妥协，总是想以真正的精彩呈现在世人面前。

人的本能有很多，渴望得到他人的关注和认可，是其中的一项。马斯洛的需求层次理论把人的需求分为五个层次，最低层次是基本的生理需求，最高层次是精神方面的需求。如今，社会不断发展，物质极大丰富，大多数人都已经过上了小康生活，温饱有余，这样一来，他们自然把精神需求提升到首位去满足。所谓有需求就有市场，随着人们的精神需求越来越强烈，现代社会四处都充斥着关于成功学的知识，似乎只要读懂了成功学，成功也就不在话下了。殊不知，成功是一个很复杂的命题，远远不是粗浅的成功学能够搞定的。成功学也许能教会人们很多关于成功的技巧，也为人们指出通往成功的捷径，但是却不能帮助人们真正获得成功。

极度空虚的心灵，使得现代人晒起成功来也是毫不吝啬，完全都是大手笔。就以朋友圈为例，很多人都会在朋友圈里晒幸福，尤其是到了节假日，不是去海南三亚旅游的，就是去马尔代夫潜水的，最终大家都在家门口的超市里碰到了。不得不说，这是莫大的讽刺。人比人气死人，尽管我们不要畏惧和他人比较，却也不要用这么浅薄的方式与他人比较。否则，我们的心灵只会更加空虚，人生也会变得暗淡起来。

除了晒幸福，唯有真正获得精彩，人生才充实。其实除了经营好朋友圈之外，还有很多有意义的事情值得我们去做。例如，利用工作之余的时间多多读书，努力锻炼身体，保持身材的匀称和身体的健康，还可以去郊外看一看，听一听鸟语花香。追求自然和本真的生活态度，让现在的很多明星都走下神坛，卸掉浓妆艳抹，人们这才恍然大悟：原来，明星也不是那么光鲜亮丽，完美无瑕的。

不管是明星还是网红，都是人，根本不可能永远完美。当一个人有勇气面对真实自然的自己时，他们才算真正领悟人生的真谛。完美只是生活的假象。我们既要追求完美的生活，也要告诉自己必须真正做到精彩，才能赢得他人的喝彩。归根结底，一切假的东西都不能长远，只有真实才是永恒的。采取各种非常手段赢得他人的点赞，固然能够满足我们一时的好奇心，然而，现实生活中，所有事情都不可能完全按照我们所期待的样子呈现，最重要的在于我们要更坦然从容，才能在人生之中拥有更美好的未来。

不成功也不必成仁，努力还要继续

现实生活中，很多人对于人生的态度都是很坚决的，甚至抱着不成功就成仁的信念，一定要在生活中达到某个目标，或者实现某个梦想。殊不知，生活从来不是简单的加减法，命运也不会让每一个有理想和信念的人都如愿以偿。很多时候，命运偏偏爱与我们开玩笑，让我们与失败纠缠，无法获得成功。

说起成功，一定要弄清楚的一件事情就是：你期望获得怎样的成功？不要说你想像那些成功人士一样赚取很多金钱，或者身居高位，或者在某个领域有特殊的成就和贡献。成功需要诸多复杂的因素都同时发生作用，所以成功从来不是一蹴而就的，每个人也不是轻易就能获得成功的。特别是对于他人的成功，更不要盲目羡慕，因为你的情况与他人不同，所以他人的成功也不能完全套用到你的身上。唯有摆正心态，端正对成功的态度，我们才能在与成功结缘的时候抓住机会获得成功，从而改变命运，扭转命运的局势。

很多年轻人都自诩有资本，觉得既然年轻，总可以找到更多的机会重头来过。当然，我们不是推崇要肆意挥霍青春，而是要意识到年轻不是资本，但是勇气和冒险却是。很多人为了避免失败，甚至完全放弃努力，也不敢轻易尝试。殊不知，这样尽管远离了失败，也同时彻底错失了成功。与其等到年华老去再追悔莫及，不如在可以打拼得起的年纪里，鼓起所有的勇气去努力尝试，这样至少可以无怨无悔。退一万步而言，哪怕失败了，也可以汲取经验和教训，从而让自己的人生在未来绽放精彩。

很多人之所以失败，或者默默无闻，或者白白浪费，都是因为提前预设了可能，给了自己否定的答案。试想，一个人如果从内心深处就不认可自己，又能得到谁的信任和托付呢？每个人都要相信相信的力量，都要拼尽全力相信自己，才能让自己更加坚定不移地勇敢向前，哪怕遭遇生命的困境，也绝不轻易放弃，而是咬紧牙关努力向前，这样才能真正抓住人生中千载难逢的好机会，从而彻底地扭转命运的败局。人生有经验固然是好的，但是如果总是以经验限定人生，禁锢自己，那么就会因为输不起而导致人生止步不前，最终退步。和那些在人生中无所作为的人相比，能够勇敢地向前冲，恰恰是人生中最好的选择。记住，哪怕错了，也比原地踏步、无所作为来得更好。失败从来不是人生的终结，原地不前才是。比起原地不前，退步也要来得更好些，因为经历了退步的人，才知道怎样让自己奋进。朋友们，做好准备，从此改变人生吧！相信自己，你就一定能行！

第 06 章

每个人都不完美，但还是要相信自己是最棒的

在这个世界上，每个人都是被上帝咬过一口的苹果，没有人是绝对完美的。尽管如此，我们依然要相信自己是最棒的，唯有如此，才能最大限度地激发自身的潜力，让自己努力向前，拼搏向上，绝不畏缩。人生的道路上，能力和水平固然是重要的一方面，更重要的是勇气和决绝的冒险精神，只有真正展开行动切实去做，一切才能得以最好地呈现。

人人都是被上帝咬过一口的苹果

现实生活中,人人奢求完美,却不知道每个人都是被上帝咬过一口的苹果,都是有瑕疵的。即使是美玉,也有可能呈现出小小的瑕疵,更何况是人呢?在这种情况下,我们必须努力向前,才能在不断进取的过程中提升和完善自己,也才能最大限度地发掘自身的潜力,努力向前。既然生命原本就是不真实的,我们为何不能以坦然的心境,接纳自己的命运呢?与其抱怨命运,不能完全接纳自己,不如更好地调整好心态,让人生呈现出与众不同的境遇。

曾经有名人说,每个人要想获得成功,最重要的就在于信任自己。这句话尽管听起来有些玄奥,实际上已经被无数事实证明。每个人唯有信任自己,才能最大限度地激发出自身的潜能,也才能在命运中遇到坎坷的时候,排除万难,勇往直前。对于成功,很多人都存在误解,总觉得只有那些光环加身、享有至高荣耀的人,才是真正的成功者。殊不知,成功并非命运赐予的,而是每个人依靠自身的不断努力历经辛苦得来的。每个人都应该对人生端正态度,不要觉得命运能够主宰和左右人生。一个人如果真的相信自己的命运是无法改变的,那么他们也就会在命运之中错失良好的机遇，更有可能遭遇人生的困境。记住，命运从来不是一帆风顺的，所谓人生不如意十之八九，正是在告诉我们从长远的观点来看，每个人在命运之中都会遭遇艰难坎坷，而绝不可能拥有完美的好运气。

众所周知，成功从来不是一蹴而就的，每个人要想在生命之中拥有更多，收获更多，能够无限接近成功，唯一的途径就是相信自己。古往今来，很多成功者的确有着独特的天赋，也有超强的能力，但是他们唯有的共同点就在于信任自己。不管身处多么艰难的环境，也不管遭受到他人多少非议，他们始终坚信自己一定能够获得成功，取得胜利。正是这种对自己坚定不移的信心，让他们击败了本能，不再总是怀疑自己和自暴自弃。有些成功者还拥有与生俱来的自信心，再加上在人生的旅途中始终相信自己的命运，所以他们才能够坚定不移，走好属于自己的人生之路。

当然，如果要想像那些成功者一样，最重要的在于要相信，也要接纳自己被上帝咬过的痕迹。人人都是被上帝咬过一口的苹果，那些得到上帝偏爱的人，会被上帝咬下来大大的一口。所以最重要的不在于自身有什么缺陷，而在于始终坚定不移地相信自己。正因为自信，那些看起来不够完美的成功者，才能一次又一次战胜命运，超越人生的困厄，获得成功。

人生在世，只要你坚定不移想要做好某件事情，你就一定能够做到。唯有拥有这样的信心，人才能最大限度地激发自身的潜能，真正帮助自己获得胜利。所以，一个人要想如愿以偿实现人生的梦想，最重要的在于充分信任和重视自己，并且相信自己绝对有能力收获人生的幸福与圆满。现实生活中，很多人之所以无法超越自己，就是因为他们缺乏对自身公正客观的认知，或者妄自菲薄，或者盲目尊大，最终导致人生陷入困境，无法摆脱。由此可见，通往成功的道路千万条，自信是其中最重要的一条。唯有不断地奋发向上，勇往直前，人生才能距离成功越来越近，才能真正收获幸福与圆满。

相信自己，你是最棒的

　　细心的人经常会发现，在很多销售公司，每当早晨开晨会或者傍晚开夕会的时候，销售人员总是聚集在一起，在管理者的组织下，进行一天的总结或者明天的展望。而且，在会议刚刚开始或者即将结束时，他们还不忘鼓励自己：我是最棒的，我是最棒的，我是最棒的。如果不身处其境，人们常常会感到可笑：这样的口号完全是形式主义，有什么作用呢？的确，仅仅从旁观者的角度看来，这样的口号的确没有任何用处，反而是可笑的形式主义。但是当你真正用心去做这样的形式主义时，你会发现自己的确是最棒的，也是最优秀的。而且在这样的"形式主义"中，你也会渐渐地鼓起信心和勇气，最终成功地改变命运。

　　现实生活中，之所以很多人成功，很多人失败，并不在于他们的天赋有多么大的差别，而在于他们面对人生的态度不同，面对失败的姿态也不同。对于每个人而言，唯有最大限度地相信，并且客观公正地认知自己，既不因为自己的优势和长处而沾沾自喜，也不因为自己的劣势和短处而妄自菲薄，这样才能真正展开人生的高姿态，让人生获得腾飞。

杰米一直都很喜欢创作，而且尤其崇拜一个叫亨利的作者。亨利是一个非常高产的作者，不但博学多才，而且文风多变，几乎随便打开每一本杂志都能看到亨利的名字。杰米就这样以亨利为榜样，也正式踏上了文学创作的道路。他利用一切可以创作的时间笔不辍耕，渐渐地，他的作品也开始以豆腐块的形式发表。然而，几年之后，杰米沮丧地发现亨利的作品越来越多，而自己想要赶上亨利，简直是不可能。

亨利涉及的面太广博了，他上知天文，下知地理，从未有能够难倒他的话题，他总是这样无所不通，让杰米渐渐丧失奋斗的信心。就这样，已经在文学道路上小有成就的杰米彻底放弃了文学梦想，而是转而专心致志地当一名卡车司机。有一次在运输途中经过高速公路的服务站，杰米吃完午饭休息时百无聊赖打开杂志，又看到了亨利的名字。杰米突然脑中灵光一动：既然我这么崇拜亨利，为何不认识认识亨利是一个怎样的人呢？亨利又为何能够如同神一般地存在呢？杰米想到就当即去干，跑完这趟长途，他马上托人去杂志社打听亨利。结果让杰米大吃一惊，因为杂志社的编辑告诉杰米：根本没有亨利这个人，而是大多数杂志社都把无名的作者以亨利署名。杰米觉得难过极了：打倒我的不是任何人，是我的自卑和胆怯，也是我的盲目退缩。

如果杰米能够坚持自我，相信自己只要不遗余力就一定能在文学创作的道路上有所成就，那么日久天长，杰米一定会在文学的道路上有更好的发展，也就不会因为这样无知的事情而导致自己变得被动，甚至彻底放弃了人生梦想。人，不应该被不知名的对手打倒。当这样类似的情况发生时，人实际上是被自己打倒了。每个人都应该充满自信，要坚持告诉自己"我是最棒的"，才能最大限度地打开心扉，从而给予人生截然不同的发展和表现。

一个人唯有自尊、自重、自爱，才能博得他人的尊重和拥戴。没有人与生俱来能够成功，在面对人生的坎坷与挫折时，当对自己产生怀疑和质疑时，人应该更加努力，才能让人生收获更多的幸福美好。如果你不是一名销售人员，也没有机会在管理者的组织下每天呼喊"我是最棒的"的口号，不如在每天清晨起床时更加用心地激励自己，这样一定能够最大限度地激发自身的能量，来让人生拥有与众不同的发展和未来。

自轻自贱，将会彻底与成功绝缘

现实生活中，很多人拥有一定的天赋，而且能力也不弱，但在人生中却始终无法获得成功，归根结底，是因为他们缺乏信心，盲目自卑，甚至完全自轻自贱。一个自轻自贱的人绝不仅仅是缺乏自信那么简单，他们在面对人生中不期而至的很多机会时，总是会犹豫不定，也因为无法对自己和生活做出客观中肯的评价，而导致人生陷入困境。

尽管人人都知道自信的重要性，也知道在人生之中应该保持积极乐观的天性，但是依然有相当一部分人总是自我怀疑。在通往成功的道路上，成功者总是迎难而上，绝不畏缩，他们却与成功者相反，总是在遇到困难的时候畏缩，哪怕遇到很小的坎坷和挫折也当即逃避，不敢勇敢面对。在人多的公开场合，他们也总是躲在角落里，不愿意与别人畅谈。不得不说，这样的人看起来谦虚而又低调，实际上就是极度自卑，他们的行为与谦虚低调没有任何关系。

现代社会竞争非常激烈，每个人想要生存下来都很艰难，尤其是在职场上，竞争的激烈程度也与日俱增。在这样的情况下，一味地谦虚甚至达到自卑的程度，是无法得到伯乐赏识的，唯有昂首挺胸骄傲地展示自身的能力，人们才能证明自己，也才能以实力为自己代言。

英国大名鼎鼎的博物学家、生物学家达尔文，9岁的时候就告诉父亲自己将来长大了一定要周游世界，探索大自然的奥秘。从此之后，他不忘初心，矢志不渝，始终在积极地准备。也因为如此，校长还曾经断言他是"不务正业、游手好闲"的学生呢！

直到1831年年底，达尔文终于有机会搭乘海军的勘探船，从此之后开始了长达五年的环球旅行。在旅行过程中，他有机会研究地理方面的知识，也对动植物展开了深入研究，他还收集了很多标本，最终才形成关于生物进化的观念。从1859年开始，他发表了很多关于生物进化的书籍，也切实有效地树立了远大的人生理想。

如果不是因为从小就树立了远大的人生理想，并且为了实现理想而脚踏实地地努力，达尔文一定不会有后来的卓越成就。在漫长的人生之中，一个人也许会遭到他人的非议或者否定，但是无论置身于怎样的环境之中，都要坚定不移地相信自己。试想，如果一个人自轻自贱，又能奢求谁相信和信任他呢？当然，这也并非让我们完全无视他人的评价和建议，而是告诉我们要有的放矢地接受和采纳他人的评价和建议，更要坚定不移地相信自己。一个人唯有不欺骗自己，才不会被他人欺骗。一个人唯有怀着坚定不移的自信和积极的人生态度，才能对生活做出积极中肯的评价。

在人生的道路上，每个人都要相信自己，要坚定不移地相信自己。要知道，人生之中的很多事情是超出人力控制范围的，唯有不断地努力，才能最大限度地把握命运，掌控人生。并且，人生从来不是盲目自信的，唯有不断地付出和努力，才会拥有美好的未来，才能变得与众不同。

一切皆有可能，相信信念的力量

相信是有力量的，每个人都要相信相信的力量，才能坚定不移地相信自己，也才能坚定不移地相信他人。否则，一个人如果从不相信相信的力量，就无法相信自己，而且在面对与他人的交锋和角逐时，也会盲目地迷失自我，导致对人生失去相信的力量。毋庸置疑，这是非常可怕的，会导致人生陷入困境，使得人生迷失自我。

相信相信的力量，最重要的在于客观评价和认知自我。现实生活中，总有些人对于自我盲目自信，或者妄自菲薄。其实，不管是过于自信还是盲目自卑，都是很糟糕的态度，都会让人生误入歧途，陷入困境。对自己最好的态度就是客观公正，既认识到自己的优势和长处，也认识到自己的劣势和短处，这样才能有的放矢，扬长避短，也能取长补短，从而使人生获得更好的发展。

大名鼎鼎的哲学家尼采曾经说过，每个人距离自己的距离是最遥远的。这句话告诉我们，一个人尽管对镜子里自己的面容很熟悉，实际上对自己的内心却很陌生，甚至有的时候还会完全忽略自己，导致对于自己的了解还没有对于他人的了解更深刻。在这种情况下，我们当然要更理性地靠近自己，丢掉所谓的自卑和自暴自弃，从而让自己从积极乐观的内心有所收获，获得成功。

对于每个人而言，不管是成功还是失败，实际上起点都是自信。而自信则源于正确的自我评价。一个人要想获得成功，相信自己是首要条件。如果缺乏对自己的评判标准，可以为自己制订适宜的目标，通过观察自己能否实现人生目标，来判断自己是否足够自信，从而依靠相信的力量彻底改变人生。

在大自然里，狼是非常凶残的动物，以肉食为生，因此很多动物在遇到狼时都会感到毛骨悚然，会觉得非常惊恐。驯鹿却不怕狼，因为驯鹿体型强大，可以轻而易举就把狼踢翻。然而，狼却要想方设法捕食驯鹿，富有合作精神的它们采取的方式就是消除驯鹿的信心，与此同时狼也是满怀信心要吃到驯鹿的。

每当驯鹿觉得一切都很安稳时，狼就会第一时间对驯鹿群展开攻击。这个时候，内心毫无防备的驯鹿马上四处逃散，之后在惊魂暂定之际暂时聚集在一起，从而集中力量以保证安全。在此过程中，狡猾的狼早就发现了哪只驯鹿的力量是最薄弱的，因而在追赶驯鹿的过程中不断地袭击那只跑得最慢的驯鹿。最终，狼把一只驯鹿的腿抓伤了。这时，狼却就此偃旗息鼓，没有任何驯鹿变成狼的腹中餐，狼也没有吃到任何食物。次日，狼会再次发起攻击，故技重施。需要注意的是，他们这次攻击的仍然是前一天受伤的驯鹿。如此几天之后，那只驯鹿接二连三受到攻击，体力大大消耗，精神上也濒临崩溃，最终它成为狼的腹中美餐。就这样，狼顺利地吃到了驯鹿。

与其说狼与驯鹿展开的持久战是消耗驯鹿精神的，不如说狼是为了消除驯鹿的信心，让驯鹿自己就忍不住缴械投降了。从这个角度而言，并非是狼打败了驯鹿，而是脆弱的心灵让驯鹿最终难逃厄运，成为狼的腹中美餐。

面对强大的敌人，保持体力上的强势固然重要，更重要的是内心一定不能松懈，否则就会导致心中的力量全部消除，身体也会变得疲软无力。在这场身体与心灵的角逐中，狼相信相信的力量，而驯鹿则在逃亡的过程中失去相信的力量，因而失败也就成为定局。人生当然不同于这场短平快的角逐，更多的时候，人生是持久战，经常会遭遇意外的惊喜和惊吓，也会因为各种原因面对重重阻力。要想在人生中有出色的表现，每个人都要坚定不移地相信相信的力量，从而让人生展开翅膀腾飞，收获更多的成功。

你的生命应该如你欢喜般绽放

每个人都是这个世界上独一无二的生命个体，因而每个人都是不可模仿、复制和超越的。我们固然羡慕成功者的成功，却无法把成功者的成功经验完全照搬到自己身上，同样的道理，我们的人生也是不可被模仿和超越的。想清楚这个道理，你还会盲目地重复他人的人生经验，仿照他人的样子去生活吗？当然不会。记住，对于每个人而言，最大的成功就是活出自己的充实和精彩，让生命如同自己所期望的样子绽放。

每个人都有自己独特的一面，每个人都是不可复制、模仿和超越的。如今，很多人的审美都扭曲了，心灵也变得浮躁。尤其是很多年轻人，总是迫不及待地想要改变自己，还有些人盲目追求整容，恨不得让自己变成明星同款。殊不知，命运自身既然没有安排你成为和明星一模一样的人，就是想给你别样的选择和安排，你又为何非要忤逆命运，让人生变得面目全非呢？唯有顺应人生的局面，人生才会变得不同，生命中的很多事情，的确是不可改变的。

细心的人会发现，哪怕是出生时长得一模一样的双胞胎，实际上性格脾性也是完全不同的。每个人从出生开始就拥有自己的独特个性，或者内向，或者外向，或者沉默，或者张扬，总而言之每个人都各具特点，有自己与众不同的一面。然而，随着不断地成长，在生活的磨砺中，人们渐渐改变，棱角渐渐消除，人生也变得更平淡。尤其是如今的填鸭式教育，更是把很多孩子都变成了流水线作业上的产品，让孩子们失去个性。不得不说，这是非常可怕的，是不利于孩子的天性和人格发展的。要想避免被同化，需要付出惨重的代价，尤其是在大环境如此的情况下，更需要孩子们付出很多的辛苦和努力，抵御外界的一切，与此同时还需要父母放下教育焦虑，尽量做到培养孩子的个性。和孩子坚持自我相比，成人坚持自我则显得相对容易。所以如果成人发现自己失去了自我，意识到保持个性的重要性，则一定要当机立断抵御外界的侵蚀，让自己活出最本真的样子，才能真正收获人生的成功。

作为一名出租车司机的女儿，露西既没有显赫的家世背景，也没有良好的外形条件，但是她从小就梦想着成为一名歌星，期待着有朝一日能在舞台上绽放歌喉。好不容易到了初中阶段，路西终于得到机会在学校的舞台上公开表演，代表班级独唱。然而，露西失败了，因为当同学们看到她的龅牙，马上就忍不住哈哈大笑，而她也被同学们的嘲笑扰乱心绪，原本倒背如流的歌词瞬间忘得精光。

事后，露西伤心地哭泣了很久，她的好朋友莉莉对她说："你为何要试图掩饰自己的大龅牙呢？每个人都有缺点和不足，而且有龅牙也不是你的错误。但是你拼命想要掩饰的滑稽样子，反而让你显得很可笑。你要相信你自己，当你真正无所顾忌地展开歌喉时，大家都会被你优美动听的歌声吸引，而完全忘记你的龅牙。"朋友的一番话开解了露西的心结，露西意识到掩饰的确让自己更加滑稽，因而当有机会再唱歌的时候，她不再做徒劳无功的挣扎，而是努力地将自己的歌声展现地更完美。果然，同学们都惊叹道："露西的歌声真美妙。"渐渐地，露西找到了人生的位置，再也不因为自己的龅牙而盲目苦恼了。最终，露西成为了不折不扣的歌星，而很多粉丝最喜欢的就是她的大龅牙。

对于露西而言，一味地掩饰反而更容易让她的缺点放大。最重要的是坦然面对自己的缺点，尽情绽放自己的优点，这样才能在人生的道路上拥有更美好的发展和未来，才能让自己的人生拥有与众不同的收获。

如果以短浅的目光来看，改变自己当然是很重要的，因为这样能够让自己随大溜，不至于显得那么另类，也更有利于自己被他人所接纳。然而，从长期来看，一味地改变自己迎合他人并非明智之举，因为一个人如果完全把自己活成了他人的模样，还有什么意义呢！生命对于每个人而言，最大的意义就在于活出与众不同，活出精彩，从而才能让人生变得意义非凡。

记住，你并不比任何人差

很多人觉得自己缺乏天赋，并不在某些方面占据特殊的优势，因而总是妄自菲薄，也自轻自贱。殊不知，命运总是公平的，每个人都是被上帝咬过一口的苹果，既有优势，也有劣势，因此在面对自己的缺点时，我们更要端正心态，牢记：我不比任何人差，我有自己的优势和长处。尤其是面对他人有而自己没有的天赋时，更不要觉得自己是不值一提的，因为与此同时，你也一定有他人所没有的天赋。

和天赋相比，努力显然是更重要的。细心的人会发现，古往今来，每一个成功者也许缺乏天赋，但是他们都非常勤奋和努力。尤其是对于自觉愚钝也缺乏天赋的人，努力就显得更加重要。所谓笨鸟先飞，当其他人因为天赋而在某些方面拥有优势时，对于我们而言，最好的做法就是提前努力，未雨绸缪，这样才能够在努力之后占据先机，收获更早更多。

很多人都喜欢好莱坞的硬汉代表人物之一施瓦辛格，对施瓦辛格健美而又强壮、充满力与美的身材非常欣赏。殊不知，施瓦辛格刚刚出道时身材瘦削，根本不符合硬汉的标准。后来，为了锻炼出好身材，进军好莱坞，他下定决心举重，几乎每个星期都至少要去健身馆三次，而且每个留在家里的夜晚，他更是会加大力度，在家里锻炼几个小时，直到气喘吁吁、用尽全力为止。

后来，施瓦辛格在健身比赛中脱颖而出，成为健美先生。由此，施瓦辛格的名气越来越大，被众人所熟知，后来成为了大名鼎鼎的好莱坞演员，一举成名，得到了极高的票房。

如果不努力，天赋平平的施瓦辛格根本不可能成为好莱坞巨星，也不可能以演艺的道路改变自己的命运。现实生活中，很多人对于自己的命运感到不满意，由此而怨声载道。殊不知，和天赋相比，努力是更重要的。天赋是命运给的，而努力恰恰是改变命运的唯一方式。

现实生活中，有很多人都有天赋，而且才华横溢，仅从天赋的角度来看，他们的确是有可能成功的，而他们也因为天赋而沾沾自喜。但是实际上随着人生不断向前推进，他们最终会发现自己的命运根本没有任何改观，反而那些没有天赋、表现平平的人，在人生之中不懈努力，最终会获得了令人瞩目的成就。这到底是为什么呢？归根结底，有天赋的人总是自视甚高，盲目乐观，放弃应有的勤奋和努力，觉得自己在天赋的支撑下一定能够获得成功，所以不知不觉间就懈怠了。相反，那些缺乏天赋的人则怀着笨鸟先飞的态度，努力提升和完善自我，因此反而距离人生目标越来越近，最终获得了成功。由此可见，有天赋而没有努力的态度，天赋就会荒废；缺乏天赋而坚持努力，人生就会彻底改变，收获更多。

第 07 章

或许还要再努力些，没有哪一种得来是轻而易举的

如果你发现自己的努力没有任何结果，那么在方向正确的情况下只有一个原因，那就是你的努力还不够。曾经网络上有句话非常火，意思是你只管努力，命运自有安排。在人生的道路上，每个人都要不断努力，坚持不懈地努力，才能最终改变命运，让人生卓尔不凡。

世上无难事，只要肯攀登

面对人生中的很多看似不可战胜的难题，大多数人最直接的想法就是放弃，而很少静下心来认认真真地去想如何才能战胜这些难题，消除人生的困境，让难题得以解决。实际上，很多难题并非不可解决的，最重要的就在于大多数人在面对难题的时候，首先就选择了知难而退，选择了放弃。心一旦放弃，还有什么希望和可能性呢？所以最重要的在于内心坚持，绝不放弃，也在于一定要给予人生更加充满希望的未来。

常言道，世上无难事，只要肯攀登。对于大多数人而言，一味地抱怨命运并不能起到任何积极的作用和效果，最重要的在于避免把宝贵的时间和精力都用于抱怨，而要积极努力地改变命运，从而才能主宰人生。真正去做，这是很多事情开始的关键所在，而不是在抱怨中错失机会，始终留在山底仰望高山。

人生不如意十之八九，很多事情都有难度，还有极少数事情的难度很大，看似不可战胜。最重要的在于真正去做，迈开脚步，走向人生的终点和未来。就像爬山，万里之遥始于足下，如果一个人始终不知道人生的未来将会面临什么，那么只有真正去做才能拨开人生的迷雾，也才

第 07 章
或许还要再努力些，没有哪一种得来是轻而易举的

能让人生变得脚踏实地。很多时候，当真正去做了，你会发现一切的不可能都变成可能。

一场突如其来的地震席卷了某个地区，在路过这个地区时，看着满目疮痍，很多人都感到心痛不已。然而，唯独乔治做出了计划，也准备真正伸出手去帮助灾区的人民。

乔治在一家电台工作，为了帮助灾区人民，他对同事们说："接下来，我们要在一天之内帮助灾区的人民筹集到五千万元，你们愿意这么做吗？"同事们全都毫不犹豫地答应："当然愿意，但是，这是根本不可能实现的。"乔治当即把目标郑重其事地写在黑板上，然后说："一味地想着这个任务将会如何艰巨和难以实现，对于解决问题没有任何好处。我们该做的就是想方设法实现目标，接下来大家都要积极地开动脑筋，踊跃地提出宝贵意见，从而解决这个难题！"在乔治的启发下，每个人都如同聪明的一休那样苦思冥想。

很快，有个同事说："在电台里发布消息号召募捐吧，只要发动周边几个省份的人，就会有很大的收获。"然而，另一个同事说："可惜我们的电台只能覆盖这个区，怎样在几个省份都发起号召呢？"同事们显然被这个问题难住了，过了很久，有同事说："可以联合几个电台一起发出号召，也可以邀请极具影响力的主持人主持。"这个想法启发了另外一个同事，那个同事说："最好的办法是在网络上同步发起募捐，这样全国人民都能看到。别管钱是从哪里来的，只要是咱们募捐来的就行！"就这样，乔治安排同事协调几个电台同步发起募捐，也安排同事在网络上展开募捐。很快，在几个小时，他们募捐到的善款就超出了

五千万元。

如今是信息时代，一个人不管是安守本分做好本职工作，还是想在短时间内做一件大事，最重要的就在于要善于运用信息，才能让自己足不出户就对全世界都产生号召力和影响力。尤其需要注意的是，奇迹都是充满信心且有毅力的人创造的。作为一个顶天立地的人，不管怎样，都应该坚忍不拔努力去做好，而不要怨天尤人轻易就放弃，否则不但避免了失败，也彻底与成功失之交臂。

常言道，方法总比困难多。面对一个又一个难题，就像是人生攀登高峰的山头，唯有勇敢地超越这些难题，才能最大限度地激发自身的潜能，也让自己站得更高，看得更远，人生拥有更多的可能性。记住，一定要把注意力集中在怎样做到上面，这样才能集中所有的精力和能量攻克难关，而不是一味地知难而退，最终错失所有的机会。

想方设法，总能解决问题

办法都是想出来的，如果一个人从来不积极主动地想办法，那么最终的结果就是被困难彻底阻碍，根本没有任何解决问题的可能性。那么如何想方设法呢？首先要坚持原则，不要随意地就放松原则，否则就会导致做人无底线，做事无原则，也使得最终想出来的办法遭人唾弃。其次，还要努力地改变自我，拓宽思维。众所周知，很多人思考问题的时候总是因循守旧，坚持那些糟糕的思路，采取那些毫无成效的办法，最

第 07 章
或许还要再努力些，没有哪一种得来是轻而易举的

终导致命运陷入困窘之中，无法自拔。最后，想方设法，还要发掘人脉的力量。所谓一个篱笆三个桩，一个好汉三个帮，每个人在做人做事的过程中遇到困难时，都要学会利用人脉的资源和力量，这样才能最大限度地解决问题，真正改变困境。

现实生活中，很多人因为人生的困厄而感到疲惫不堪，甚至对生命失去希望和勇气。然而，真正困住他们的并非是那些难题，而是他们沮丧绝望的心，是他们日渐干涸的心灵。勇敢的人知道，人生从来没有后悔药可以吃，更没有回头路可以走。一个人要想在人生之中突破困境，最重要的是拥有坚定不移的心，要心怀希望，才能坚定不移地解决问题，也才能激发出人生所有的力量，成为命运的主宰和人生的舵手。

很久以前，新婚不久的艾玛和丈夫一起去到沙漠中。艾玛的丈夫是陆军，因为要去沙漠中的基地开展相关的训练工作。丈夫深知沙漠中的生活枯燥乏味，因而劝说艾玛留在大都市，等着自己回来。然而，艾玛为了证明自己是可以与丈夫同甘共苦的，所以执意要与丈夫一起前行。就这样，艾玛来到了沙漠里。沙漠里的生活完全超乎艾玛的预料，不但特别炎热，而且枯燥乏味。沙漠里夜晚很冷，而白天的温度则很高，哪怕躲在巨大的仙人掌下面，也会感觉到热浪逼人。

后来，丈夫跟随部队去沙漠腹地进行集训，军营里，只剩下艾玛一个人孤独地生活。艾玛根本听不懂沙漠中印第安人的语言，为此感到非常苦闷，也打起了退堂鼓。艾玛给父母写信，说自己要马上回到都市去，再也不愿意留在沙漠这个鬼地方。很快，艾玛就接到了父亲的回信。父亲的回信很短，只有一句话："两个囚犯住在同一个牢房里，一

个人只会低头去看，只看到泥巴地，而另一个人则总是从窗户仰望星空，每次都能看到满天繁星。"看完这句话，艾玛心中豁然开朗，她决定学习后一个囚犯看到满天繁星。为此，她当即改变心态，学习沙漠里的知识，研究沙漠里的植物。后来，艾玛还与当地人相处良好，当地人常常把舍不得出售的陶瓷和手工编织的地毯等送给艾玛。

几年后，等到离开沙漠的时候，艾玛不但已经成为熟悉沙漠气候、日月星辰和动植物的专家，而且还根据自己的沙漠生活写了一本畅销书，也让更多人通过她的书了解了沙漠。

人人都能改变自己的人生，这是因为人生大多数情况下是由人的心境决定的。现实生活中，一个人如果怀着悲观的态度看待生活，那么他看到的一切都必然是黯淡无光的。反之，一个人如果能怀着积极的心态面对生活，那么就能看到生活值得期许和憧憬的一切，人生也会变得精彩和充实。

人人心中都需要有一盏明灯，这样在面对人生中不可战胜的困难和看似黑暗的境遇时，可以有心灯照明，让人生进入与众不同的境遇之中，拥有更好的发展和未来。否则，当内心充满阴霾，人生又怎么可能始终昂扬向上，努力奋发呢？希望不但是人生的灯，也是人生的未来，更是人生的阳光雨露。

勇敢前进，才能排除万难

　　这个世界上，有谁的人生是一帆风顺、顺遂如意的呢？当然没有。每个人面对人生都可能遭遇困境，更有可能遭遇意外的惊喜或者惊吓。在这种情况下，人难免会犯各种各样的错误，会因为人生的困境而导致内心受到挫折和打击，变得一蹶不振。尤其是当遇到折磨自己的人和事情时，人们很容易变得沮丧，因为或大或小的挫折就变得萎靡不振，不能继续向前了。

　　实际上，这些都是人生的常态，每个人都会遭遇生活的折磨，也会因为人生中的各种不顺利和不如意而感到委屈窝火。然而，换一种心态就会发现，困境正是人生的学校，一个人唯有在困境中不断成长，才能汲取生命的养分，让自己变得强大和不可战胜。作为法国大名鼎鼎的思想家，伏尔泰曾经说过，每个人唯有迅速踏过人生的荆棘，才能获得成功。这句话正告诉我们，生命的历程是漫长的，每个人在人生之中都会遭遇重重困难，只有鼓起勇气，信心百倍地勇往直前，人生才能得到更好的境遇。

　　面对生活的磨难，不要总是怀着反对和抗拒的态度，而要意识到苦难是人生的常态，更是人生不可多得的养料。唯有接纳苦难，悦纳苦难，一个人才能从苦难中崛起，也才能在人生的历练中成长。一切的事实都告诉我们，唯有对人生的磨难心存感激，才能最大限度地让生活绚烂如花，也才能激发自身的所有力量不断奔向成功。大名鼎鼎的成功学大师卡耐基也曾经说过，一个人唯有饱受折磨，才能获得成功，才能让人生更具有价值。尤其是在人生遭遇磨难的时候，更要保持积极乐观的心态，不要被苦难打倒。

作为美国独立企业联盟主席，费雷思并没有显赫的家世，也没有强大的背景。相反，他从小家境贫苦，都没有机会读书和学习。13岁那年，费雷思就进入一家加油站打工。起初，他想学习修车的技术，但是老板只让他打杂，偶尔在前台接待顾客。老板对人很苛刻，从来不允许费雷思有片刻休息的时间。他总是支使费雷思做各种各样的零碎活儿，还特意安排费雷思为一位特别难说话的老太太擦车。

这位老太太性格很古怪，她的车上有一道深深的凹痕，因而每次费雷思打扫完车子，老太太都会要求费雷思把凹痕处再认真清理一遍。有段时间，费雷思实在不愿意再伺候这位老太太，因而向老板提出自己不愿意继续为老太太擦车。不承想，老板却极其恶劣地说："不想干就滚，这里没有你的位置了，这个月的工资你也别想得到。"费雷思委屈极了，回到家里把事情的原委告诉父亲，父亲笑着叮嘱他："孩子，这就是工作，你必须无条件服务客户和老板，这对你以后会很有好处的。"此后的日子里，费雷思始终牢记着父亲这句话，不管在工作中再遇到多少委屈，他都能咽下委屈，竭尽全力地为客户和老板服务。渐渐地，费雷思在客户中的口碑越来越好，最终自己独立开了一家修车行，并且大获成功。

费雷思为何能够获得成功呢？要知道从一个小小的打工仔到拥有自己的车行，这期间有漫长的道路需要走完。不可否认，费雷思也有想要放弃的时候，而他之所以能够坚持不懈，熬过人生中最难熬的时光，就是因为他始终牢记父亲的话，能够最大限度地提升服务态度，端正服务心态，从而战胜万难，拥有客户的好口碑和衷心拥护。

对于每个人而言，受到折磨或者被命运刁难，都是一次提升自我和完善自我的机会。每个人从呱呱坠地开始都是一张白纸，之所以能够不断地成长，就是因为他们在人生之中始终怀着积极进取的心态。所以朋友们，从现在开始，感谢命运对你的每一次历练，勇敢执着地在人生之路上向前吧。你要相信自己是最棒的，也要相信自己终会凤凰涅槃，浴火重生！

对自己狠一点，离成功近一点

生活中，常常有人抱怨，觉得自己明明付出了很多，却没有得到该得的回报。实际上，命运从来不是公平的，付出与回报之间也未必会成正比。所谓的努力就有收获，一部分是真理，一部分只是用来安慰人而已。每一个明智的人都该知道，努力了未必就有回报，但是不努力却没有任何回报。从概率的角度而言，当然还是要继续努力，才能让自己得到回报的概率更大一些。

对人生感到迷惘的人们，不是徘徊在通往成功的道路上，就是还没有确立梦想。不得不承认，这个世界的确是残酷的，也因此才有那么多的人颓废沮丧，在人生中遭遇小小挫折的时候就一蹶不振。为何现代人生存得越来越累呢？除了竞争日益激烈之外，人的心理也变得更加浮躁，包括人际关系的复杂、各种感情之间的纠葛，都让人们不知不觉间陷入困境，每个人都面临着各种复杂的问题，似乎随时都有可能掉入旋涡之中无法自拔。

人生是漫长的，也是短暂的，假如一个人注定要在这样的状态中度过未知的人生，那可真是莫大的悲哀。然而，偏偏现实生活中有很多人都面临这样的困难，也遭遇了类似的问题。当看到别人因为无助而彷徨时，自己也因为无助而如同无头苍蝇一样四处乱撞，根本找不到突围人生困境的道路。从此也不难看出，每个人之所以陷入困境并非因为客观外界，而是因为内心的囚禁和限制。归根结底，遇到困难并不是最可怕的，甚至失败也无法把人打倒，最关键的在于人们心中的自我限制，在于他们根本没有意识到问题的存在。一个装睡的人，是无论如何也叫不醒的，最关键的在于我们必须准确清晰地认知自己，必须对自己狠一点，才能真正获得成功的道路。

传说猫有九条命，一个人要想在现代社会立足，同样需要有几条命，才能经得起折腾，也才能在人生的各种境遇中崛起，最终实现伟大的人生理想。由此可见，对自己狠一点，不仅仅是鞭策和激励自己继续努力，还指能够深刻反省自己，认识到自己的错误，能够把很多错误扼杀在萌芽状态，唯有如此，人生才能阔步向前，绝不原地踏步或者轻易退缩。

很多人都感到疑惑，觉得自己明明非常努力了，却始终没有见到成效。实际上，努力未必有结果，而且你所期望得到的成效也不一定能当即出现。最重要的在于扬长避短，取长补短，发扬自己的优势和长处，才能让人生有截然不同的未来。

人人都有弱点，没有人愿意面对自己的弱点和本能的不足，然而人的弱点是无法回避的。大多数人都有各种狭隘的本性和限制自身发展的缺点，就要更加正面自己的人生，努力操控和把握人生，从而给予人生更多的可能性。记住，人生没有样板，每个人都是这个世界上独一无二的生命个体，每个人都要最大限度地激发自身的潜能，才能给予人生一定的交代。

总而言之，不要对自己太好，更不要在应该拼搏的年纪选择了安逸。人生就像是一根黄瓜，总是有一头甜蜜，有一头苦涩。贪婪畏缩的人选择先甜后苦，勇敢面对人生的人选择先苦后甜。总而言之，要学会合理安排人生，记住，唯有对自己狠一点，才能离成功更近一点。

努力的意义与价值无关

职场上有很多狠角色，这些狠角色未必是性格有多么锋芒毕露，或者在职业上有什么过人之处，而是因为他们都非常努力，而且把努力当成是人生的常态，从不懈怠，没有片刻松懈。这样的人看起来也许很容易亲近，和善而又友好，和大多数人心中所想的桀骜不驯的职场白骨精截然不同。然而，他们的业绩却很突出，而且总是在工作上有出色的表现。他们在职场中奉行的原则就是人不犯我，我不犯人，他们始终坚持的原则就是努力。

在职场狠角色眼中，努力与价值无关。他们已经把努力当成职业态度，甚至当成人生习惯。他们从不因为任何原因而动摇自己的努力，而是会始终坚持不懈，哪怕遭遇困境，或者被误解，也依然坚定不移地努力向前，只为了让自己的努力有所回报。当努力没有得到预期的回报，他们也没有得以实现人生价值时，也不会气馁，而是会继续努力向前，从而给予人生更多的可能性，让人生真正奔向成功。

大学毕业后，自从进入公司，小敏就非常努力。她虽然对于自己的工作不十分满意，但是一想到经济形势如此紧张，自己居然能找到合适的工作，内心也还是充满感激的。有段时间，和小敏一起加入公司的几个年轻人都跳槽了，唯独小敏还留在公司。每当工作清闲的时候，小敏就会给自己报名参加各种培训班，从而提升自己的职业水平和能力。

就这样，几年时间过去，小敏已经成为公司的中层管理者，负责管理一个部门，而且老板也非常器重小敏，把小敏当成自己的左膀右臂。而当初那些随随便便跳槽的人呢，迄今为止依然在各个公司之间游荡，根本不像小敏这样在工作上卓有成效。

不得不说，那些跳槽的人大部分都把自己的努力与价值联系到一起，而小敏虽然努力，却已经是一种习惯，与价值无关的专业习惯或者是人生习惯。不可否认，人人都想获得成功，而现实生活中，真正能够获得成功的人却少之又少，就是因为他们过于急功近利，迫不及待想要通过努力就获得成功。如果人人都能把心态放得平和，意识到人生不能以成败论英雄，更意识到不管是否能够获得成功，自己都要非常努力，则努力就会水到渠成，会真正获得成功。

第07章
或许还要再努力些，没有哪一种得来是轻而易举的

人生之中，怎样的路是最好走的，无疑是最平顺的道路。在坦途大道上，我们走得更顺利，却也失去了前进的意义。既然努力是水到渠成的，也与升官发财之间没有任何联系，那么努力的动机当然会更纯粹。记住，你的努力和价值无关，哪怕努力最终的结果是失败，你也能够从中汲取经验和教训，从而让人生踩着失败的阶梯不断前进。当努力成为一种习惯，你的人生才会截然不同。

把努力当成习惯，让人生保持勤奋

大多数把努力挂在嘴边上当口号去喊的人，都不是真正努力和用心的人。真正努力用心的人，已经把努力变成生命中不露痕迹的习惯，使努力成为人生的常态，这样一来，人生当然能够时刻保持勤奋，而不会有丝毫懈怠。

众所周知，好习惯成就人生，可想而知当努力成为习惯，成功也必然水到渠成。把努力当成习惯的人，不会认为努力是人生额外的负担，哪怕面对人生的困境，他们也能自然而然地努力。当努力得不露痕迹，努力也就成为人生中理所当然的事情，不需要靠着毅力去支撑，努力就会这样延续下去，努力的人也绝不会有片刻松懈。

人生之中有很多好习惯，努力无疑是最好的人生习惯之一，也是最让人受益的。有些人习惯抽烟，有些人习惯喝酒，还有些人习惯于疑心病重，这些坏习惯都无法给人生助力，反而会使人生陷入下降的趋势。

真正的明智者会戒除坏习惯，拼尽全力为人生养成好习惯，因而让成功水到渠成。古今中外，很多优秀的人之所以获得成功，就是因为他们已经习惯了努力。司马迁遭受宫刑，依然在监狱中坚持完成《史记》的创作，爱迪生发明电灯尝试了一千多种灯丝材料，进行了七千多次实验，始终没有放弃努力，直到最终获得成功，这都是勤奋和努力的功劳。作为普通人，我们无法奢望得到大人物那样的成功，但是本着对人生负责的态度，我们还是应该坚持努力，才能在人生中收获更多，拥有更多。

一家公司要招聘高级管理人才，经过层层选拔，只有三个人过五关斩六将，成功地进入最终的复试。这场复试将会从他们三个人之中选出一个人，为此三个人都很紧张，也都知道成败在此一举，因而全都铆足了劲好好表现。

第一个复试者是一名博士生。这位博士生进入之后看到坐成一排的面试官，而唯独缺少一把他坐的椅子，原本笑容满面的脸上马上神情僵硬。当面试官要求他坐下来一起交谈时，他四顾茫然，无奈地说："没有椅子。"就这样，面试官说："既然没有椅子，那就接受面试吧，等到下次有椅子再说。"接着，第二位复试者进入会议室，看到没有椅子，他不由得苦笑一下。当面试官提出让工作人员再去搬一把椅子时，他就像真正的谦谦君子一样，说："没关系，我站着就行。"面试官坐着，第二个复试者站着，可想而知这必然会给面试官带来很大的压抑感觉。为此，面试官在与复试者交谈几分钟之后说："好吧，面试结束，等通知吧！"后来，第三个复试者进入会议室。还不等面试官发问呢，这位复试者环顾四周看到没有椅子，因而抢先请求面试官："您好，面试官先生，我可以出去搬一把椅子进来吗？"就这样，第三个复试者去会议室外搬来了一把椅子。出乎所有人的预料，这个复试者尽管是三个人中学历最差的，资历最浅的，但是她却与面试官成功交谈了一个多小时，最终他们的面试过程以谈笑风生结束。

可想而知，在三个复试者之中，第三个复试者顺理成章地赢得了心仪的职位，而且得到了面试官的一致好评。

为何第三个复试者能够得到机会呢？究其原因，是因为第三个复试者很善于为自己争取机会。和第三个复试者相比，前两个复试者连为自己争取得到一把椅子的努力都不愿意付出，根本不值得托付重任。第三个复试者尽管没有很高的学历，也没有出众的才华，但是她有锲而不舍的精神，也有勤奋努力的好习惯。

人生在世，不管是在生活中还是在工作中，每个人都会遇到各种各样的困难，也会遭遇人生的很多困境。在困难面前，与其一味地沉沦下去，或者只知道逃避和畏缩，不如鼓起勇气，以自己的勇气和毅力努力拼搏，为自己争取得到更多的机会。常言道，笑到最后的人才是笑得最好的人，对于每个普通人而言这个道理同样适用。每个人都要最大限度地发挥自身的潜能，这样才能让自己坚持努力，在任何情况下都决不懈怠。记住，人生短暂，任何人在人生之中都没有彩排和重来的机会。只有未雨绸缪，一步到位，才能给人生最好的交代。

第08章

秉持健康快乐心态，一切都是最好的安排

一切都是命运最好的安排，人人在得意时都会说出这句话，然而一旦人生遭遇小小的挫折和失意，他们马上对这句话失去信心和勇气，由此尘封在心底，再也不愿意说出来。不得不说，这样的人完全是在伪装快乐的心境，实际上心中充满对命运的憎恨，根本不愿意通过改变心态畅享人生。只有在灾难面前轻声地说"一切都是命运最好的安排"，一个人才算真正地接纳命运，才能在人生之中拥有截然不同的人生。

世界上不缺少快乐，缺少发现快乐的心

　　正如一位名人曾经说过的，这个世界上并不缺少美，缺少的只是发现美的眼睛。同样的道理，这个世界上并不缺少快乐，缺少的只是发现快乐的心。人人都渴望拥有幸福快乐的生活，然而实际上，却只有很少的人感受到幸福快乐。尤其是在现代社会，随着物质的发展，生活水平的提高，越来越多的人在面对人生时，都会有过于远大或细碎的愿望。殊不知，即使是阿拉丁神灯在面前，每个人也不可能面面俱到，把人生经营得恰到好处。这种情况下，与其为了人生苦恼而忧愁，不如更多地从生命中找到快乐，从而让整个世界都充满欢声笑语。

　　怎样的生活才算得上是幸福、快乐呢？不得不说，幸福和快乐是人生的两大重要指标。但是这两个指标并没有一定之规，而是可以自行定义的。对于一个乞丐而言，吃到一碗热粥就会感到非常幸福，而对于一个亿万富翁而言，即使赚取几千万元，也仅仅意味着他的账面资产增加了一些，而并不会对他的实际生活产生切实的影响。从这个角度来看，一天赚取几千万元的老板不如讨得一碗热粥的乞丐更幸福，由此可见，幸福与否真的与金钱和物质没有任何关系，要想找到快乐，最重要的在

于拥有快乐的心情，这样才能让自己的心境渐渐好转，也才能让人生拥有更好的发展和更美好的未来。

人生原本就不是顺遂如意的，对于每个人而言，最重要的是不抱怨，才能把有限的时间和精力投入到该做的事情中去，从而集中精力，让心感知快乐，也让人生更加充实丰满。常言道，人生不如意十之八九，很多人在人生中一旦遭遇风雨，就会马上放弃，甚至完全放弃了对人生的争取。殊不知，这样的做法是完全错误的，既然人生注定要经历风雨，那么对于每个人而言最重要的是苦中作乐，找寻人生的快乐。否则，如果总是陷入人生的困境，整日愁眉苦脸地面对人生，还有何乐趣可言呢？

宝剑锋从磨砺出，梅花香自苦寒来，每个人都要摆正心态接纳人生的不如意，人生尽管充满了凄风苦雨，也依然要充实快乐。否则，一旦在遭遇人生的困境时就放弃了，还如何能守得云开见月明呢？

怀有一颗充满快乐的心，在面对人生的很多境遇时都始终坚定不移地拥抱人生，做到不抱怨人生，而对人生满怀感激，这才是最重要的，也才是人生路上永远不可改变的原则和底线。正如人们常说的，心若改变，世界也随之改变，如果一个人的心中充满了凄风苦雨，又如何能在人生之中拥有未来呢？也有人说，每个人所看到的世界实际上是心的折射，从这个角度而言，每个人唯有调整好心态，才能拥有自己梦寐以求的人生。

错过美丽，也未必遗憾

　　人生之中，没有人能够把每件事情都做得恰到好处，更不可能把每个机会都牢牢把握。因而，遗憾也就成为人生中不可避免的，人人都有可能遭遇遗憾，然而遗憾未必都代表着彻底的失败。正如西方国家的一句谚语所说的，如果你因为错过了太阳而哭泣，那么你也将错过群星。在人生中也是如此，不要因为小小的遗憾就活在痛苦的回忆中，否则就无法改变心态，迎接充满希望和美好的未来。

　　没有人的人生之路会是顺遂如意的，每个人在人生之中都会遇到各种各样的坎坷和挫折，这是人生的本相，也是人生中不可失去的。面对人生的颓废和沮丧，如果不能尽早振奋精神，就会导致一切变得更加被动。因而对于人生而言，每个人都必须更加坚强勇敢，也必须始终牢记人生的支柱，才能在人生道路上收获更多。还记得鲁迅笔下的祥林嫂吗？原本祥林嫂失去了孩子，很值得大家同情，但是因为她总是向每一个人诉说自己的悲惨遭遇，最终导致招人厌烦，也使人生陷入窘境。

　　明智的朋友会知道，人生没有过不去的坎，也不能有过不去的坎。人生如果一味地沉沦下去，又如何能够逆转局面，获得成功呢？记住，一个人哪怕失去一切，也不能失去征服命运的勇气和决绝的毅力。一个人唯有怀着希望，满怀自信地在人生的道路上前行，才能勇往直前，也才能战胜遇到的一切困难。有人说人生是一场没有归途的旅程，的确，人生是没有回头路可走的，每个人在人生的境遇中必须更加坚定不移地勇往直前，才能走出坎坷与泥泞，走到人生中更美好和崭新的境界。

第08章
秉持健康快乐心态，一切都是最好的安排

即使错过了人生中美丽的风景，也不要气馁，因为唯有怀着积极的信心和勇气，执着前行，才能走出人生拐弯处，收获人生的柳暗花明，与人生中的美好不期而遇。总而言之，任何情况下都不要轻易放弃人生，一个人要想成为真正的人生强者，只有充满勇气，决不放弃。正如曾经有一位名人所说的，哪怕失去了所有的东西，如果始终都能坚持不懈，充满勇气和希望，那么人生就是充实且富足的。

常言道，人生没有过不去的坎，说的也是这个道理。只要怀着积极进取的心，在人生之中绝不退缩和畏惧，人生的一切难关都会成为过去式。相反，如果人被内心的胆怯禁锢住了，在人生的历程中时常觉得悲观，那么也就会失去希望，变得沮丧绝望。这一点对于每个人而言才是最可怕的。所谓哀莫大于心死，一个人在错过美景之后就彻底闭上眼睛，当然不可能再看到任何心仪的景色和美好的画面。

人生，应该时刻都保持勇气和勇往直前的决心以及毅力。每个人都不要奢望人生会是一直充满希望的，更不要奢望希望始终悬挂在触手可及的地方。最重要的在于，我们的内心要有力量，要怀着希望，要拥有光明，这样才能在人生的路上砥砺前行，也才能在人生之中不期而遇美好的未来。记住，生命是一个不断储备的过程，没有人的人生会是永动机。任何情况下，我们都要学会与生活抗争，努力主宰和掌控命运，这样才能为生命积蓄力量，也才能在生命的绽放中收获丰满。

乐观积极的心态，是人生最大的财富

古人云，宝剑锋从磨砺出，梅花香自苦寒来。每个人的人生都必然要经历很多磨难，也会因为命运多舛而饱受艰辛，但是这一切都不是人们放弃命运的理由，在人生的道路上，唯有不断地奋发向上，才能让人生拥有更加美好的未来。

有人说人生是一场没有归途的旅程，乐观的人从中看到的人生风景总是新鲜的，不会有枯燥的重复，而悲观的人则看到，人生的前路是茫然的，永远也找不到终点。由此可见，心态不同，每个人看到的人生也截然不同，由此可以得出结论，积极乐观的心态是人生最大的财富。

心理学家经过研究发现，很多人的天赋其实相差无几，而之所以有的人总是失败，而有的人却能获得成功，就是因为有的人面对人生的困境能够崛起，而且鼓起所有的勇气打破困境，振奋向上，而有的人在人生之中哪怕遭遇小小的坎坷和挫折，都会马上变得灰心丧气，沮丧绝望，甚至当在人生中拥有美好未来的时候，也时常感到人生无望。可想而知，在这样的心态下，人们必然没有更多的精神和勇气激励自己向前，而只会在人生中沉沦下去，导致人生从此暗无天日。

面对人生的困厄，悲观者只看到绝望，而只有真正的乐观者，才能在困厄中汲取经验和教训，让人生吸收养分，获得成功。所以要想拥有成功的人生，一定要拥有坚忍不拔的精神和毅力，这样才能不被打倒，也才能在命运的磨难之中乘风破浪，奋勇向前。

很久以前，麦基的农场遭遇了山火，原本美丽富饶、生机勃勃的农场，一夜之间就变成了一片废墟。面对自己苦心经营多年的农场，麦基受到了沉重的打击，甚至整日茶饭不思，昼夜不能安睡。眼看着麦基的精神越来越差，已经年逾古稀的祖父看在眼里，疼在心里。

有一天，到了吃午饭的时候，麦基却依然双目失神地看着远处变成一片焦土的田地，祖父实在忍不住对麦基说："孩子，失去农场没关系，土地还在，等到来年又会是一个丰收年。但是你的眼神日渐暗淡，你的心灵越来越无望和无助，又怎么能从这片废土上看到希望呢？"祖父的话让麦基恍然大悟。的确，土地还在，希望也就应该还在。否则，当心中失去了希望，如何还能在人生中崛起呢？

麦基始终牢记着祖父的话，再也没有因为失去了打拼多年得到的一切就沮丧。相反，他鼓起勇气重头开始，而土地因为有了充足的养料，所以来年的收成非常好，获得了大丰收。

对于任何人而言，最可怕的不是遭遇磨难，而是在遭遇磨难之后一蹶不振，完全不能振奋精神。一个人一旦失去勇气，很容易就会倒下，唯有充满勇气，才能在生命之中表现出刚强的力量，在一切的挫折和磨难之中不断地奋起。

要想从挫折和磨难中勇敢地站起来，最重要的就在于拥有顽强不屈的精神。否则，人生就会陷入迷惘，也会因此而迷失方向，导致无法从失败中汲取经验和教训，更不可能真正走出人生的困境。记住，在这个世界上，真正能打倒你的只有你自己，只要你的心坚强不屈，屹立不倒，你就能够在人生中继续奋斗，昂然屹立。

要相信，人生是不可阻挡的

现实生活中，每个人都会遇到各种各样的困难和挫折，也会遭遇各种意外的惊吓和惊喜。惊喜固然好，然而惊吓却让人难以面对，这是因为惊吓带给人的不但是不堪重负的打击，也常常让人陷入被动的局面，觉得人生是不堪一击和难以面对的。这样一来，人的自信心就会受到损伤，人生当然也就会陷入困境，变得止步不前，持续后退。

喜欢看武侠片的朋友都知道，哪怕是一个绝世武功高手，也会有自己致命的弱点，这个弱点叫作死穴，也是每一个绝世武功高手都必须多加保护的。和绝世武功高手一样，人生所有的厄运也是有致命弱点的，那就是每一个弱点都不会长久存在，它终究会成为人生的过去式。这就正应对了一位百岁老人对于人生的感悟——熬。既然所有的厄运都会成为过去式，人生中的困境当然也是如此。所以当对人生的困厄实在没有卓有成效的办法时，最重要就在于熬，当熬过人生的困厄和苦痛，也就能迎来人生的柳暗花明。

很多人一旦遭受命运的打击，就会对命运怨声载道。殊不知，抱怨非但不能有效地解决问题，反而会让人生陷入更被动的消极负面情绪之中。所以与其花费宝贵的时间和精力抱怨命运，不如相信人生中一切不顺利都将会过去，随着我们内心的力量越来越强大，这些不顺利也会成为人生的土壤，让人生汲取养分不断成长，让我们的心灵也不断地强大起来。

有个女人原本拥有顺遂如意的人生，拥有富足的生活，有丈夫和可爱的儿女，父母也都健在，而且身体健康状况良好。然而，命运似乎一夜之间就改变了面目，对她从偏爱和照顾变得面目可憎起来。

她的丈夫因为车祸去世了，只给她留下沉重的房贷和两个嗷嗷待哺的孩子；她的大儿子在玩耍时不小心导致腿部骨折，医生说很有可能留下终身残疾；老人得了癌症晚期，不但要在医院里度过，每天还要花费昂贵的医疗费用。一夜之间，这个原本衣食无忧的女人就被推到了生活的风口浪尖上，她不知道如何才能改变命运，更不知道如何应对生活。

她接近于崩溃，也满心绝望。由于耽误了缴纳最后一次保险费，所以她不能顺利拿到丈夫意外去世的保险费，而她急需要这笔钱应急。在被保险公司拒赔后，她决定再做最后一次努力。她找到保险公司的经理，并没有声泪俱下，而是沉着冷静讲述了家中一连串的变故。经理被她的平静和坚强打动，决定从道义上给予她的家庭一定的赔偿，从而帮助她渡过难关。在理赔的过程中，这位单身离异的经理看到她的坚强和勇敢，不由得对她怦然心动，心甘情愿要和她一起承担起赡养家庭的责任和义务。没过多久，女人从丈夫去世的阴影中走出来，她的大儿子骨折也愈合了，最重要的是她还接受了保险公司经理的追求，再次勇敢地走入婚姻。

塞翁失马，焉知祸福，有的时候人生的确会遭遇一连串的不幸，让人应接不暇，然而勇敢的人最终能够摆脱不幸，熬过最艰难的时刻，从而进入人生的新境界。真正的人生强者，不会因为一时的不幸就自我放逐，对命运怨声载道，也不会因为暂时拥有幸运就对人生感到志得意满。记住，好运不会始终伴随一个人的左右，厄运也不会久久挥之不去。只要我们足够坚强勇敢，就能驱散人生的阴云，让人生摆脱逆境，迎来顺境，在未来有更好的发展。

人生从来没有过不去的坎。面对人生的困厄，只有过不去坎的人心。实际上，人人都觉得自己是柔弱的，是需要他人帮助和照顾的，因此人人都想为自己找到一个依靠。而现实却是，每个人都比自己想象中更强大。因而，一个人不管遭遇怎样的人生困境，都不要急于抱怨，更不要因为暂时的不如意就自暴自弃。在这个世界上，真正能拯救你的人只有你自己，每个人唯有不断地发掘自身的潜力，激发自身的潜能，才能在人生中更加勇往直前，一帆风顺，拥有更长久的幸福和更踏实的快乐。

不改变，还要命运做什么

人人都知道应该把命运把握在自己的手中，然而真正能在与命运的博弈中获胜的人却少之又少。大多数人面对命运的坎坷，总是轻而易举就缴械投降，甚至还有些人对命运望而生畏，从来不会想方设法企图改变命运。不得不说，这样的人生将会是被动且消极的人生，很难在与命运的博弈中获胜，更不能切实有效地改变命运。

命运存在的意义是什么？是让每个人都逆来顺受，对命运俯首称臣吗？当然不是。命运之所以存在，最重要的就在于改变。每一个真正的人生强者，从来不会对命运屈服，更不会在与命运的博弈中轻易缴械投降。一个人也许天赋异禀，最终却被命运抛弃，就是因为他们不知道如何把握和操控命运，而任由命运带着自己在人生的大海上随波逐流。而有的人明明资质平庸，却拼命地想要改变命运，因为他们很清楚命运就是用来改变的。不改变，还要命运做什么呢？

还记得几年前在网络上尽人皆知、几乎被所有人口诛笔伐的凤姐吗？如今，凤姐已经拿到了美国绿卡，而且拥有了一份很好的工作，还找到了如意郎君，成就了幸福的婚姻。不得不说，和几年前在网络上臭名昭著相比，今日的凤姐已经不可同日而语。当然，这一切都要从凤姐那个奇葩的征婚广告说起。时至今日，凤姐可以坦然承认自己当年发布征婚广告的目的就是吸引他人的眼球，从而让自己进入更多人的视野，也让自己争取到更多的发展机会。尽管方法不太高明，但是凤姐兜兜转转，还是实现了自己最初的心愿。不得不说，凤姐的奋斗史是非常励志的，给很多内心脆弱的人们树立了好的榜样：我们未必人人都要走凤姐的成功路线，但是一定要有坚忍不屈的心态，才能在人生中遭遇任何困厄时都绝不屈服和妥协。

1940年中，威尔玛在美国一个极其贫穷的工人家庭中出生了。她是家里的第20个孩子，在她之前，她的母亲已经孕育了19个孩子。可想而知，母亲的身体已经被掏空，因而威尔玛从出生开始就体弱多病。4岁那年，威尔玛更是被病魔打倒，不但患上了致命的猩红热，还患上了严重的双侧肺炎。母亲很爱威尔玛，每天都抱着年幼的威尔玛四处求医，然而医生都摇头放弃对威尔玛的救治。没想到，威尔玛却拥有顽强的生命力，居然靠着求生的本能战胜了疾病，活了过来。

然而，猩红热给威尔玛留下了后遗症，威尔玛患上小儿麻痹症，从此之后左腿再也不能正常行走了。看着其他孩子如风一般奔跑，小小年纪的威尔玛觉得内心非常苦闷。母亲对于没有照顾好威尔玛心怀愧疚，因而自从威尔玛生病之后，就把更多的精力用在威尔玛身上。在母亲的鼓励下，威尔玛有了梦想：像飞一般奔跑。虽然母亲心知肚明威尔玛的左腿不可能复原如初，但还是找来各种偏方为威尔玛治病。直到9岁那年，威尔玛终于扔掉拐杖站起来了，到了11岁的时候，居然能够和哥哥们一起打篮球。从13岁开始，威尔玛开始参加跑步比赛，最终，威尔玛在比赛中取得了非常优异的成绩，完全实现了自己的梦想，还在奥运比赛中赢得了金牌呢！

一个患有小儿麻痹症且不能正常行走的小女孩，却梦想着要成为跑得最快的人，可想而知她为了实现这个梦想，必然要付出比普通人多太多的辛苦和努力。这个世界上有太多的不可能禁锢了人们的心灵，让人们的心面对不可能就望而生畏。然而，很多情况下，哪怕是死刑，人们也可以以勇气和毅力去打破生命的魔咒，创造生命的奇迹。

任何顽强的生命，从来不愿意向命运屈服，每一颗勇敢坚毅的心，都要集中所有的力量来战胜困难，从而彻底改变命运。记住，也许你会承受命运的艰难和打击，但是这都不是你自暴自弃的理由和借口。当无法改变环境的时候，我们就要努力改变自己，以命运的力量与环境博弈，最终真正战胜命运，主宰人生。

即使抓了坏牌，也要努力打好

在牌桌上，人人都想抓得一副好牌，这样才能在打牌的过程中更加轻松，也有赢得更大胜算的机会。然而，命运并不总是让人如愿以偿，大多数情况下，一个人越是想要抓到好牌，偏偏越是抓到一手坏牌。既然抓到坏牌的概率远远超过抓到一手好牌，那么每个人最该做的就是把坏牌打好，而不仅仅是祈祷着抓到好牌。拥有把坏牌打好的本领，哪怕不小心抓到了坏牌，也能想方设法把牌打好。这样一来，不管好牌还是坏牌，都能拥有好的结果，岂不是一举数得么！

古今中外，很多伟大的人创造出举世瞩目的成就，都是在抓到坏牌的情况下努力实现的。大名鼎鼎的画家凡·高，在饮弹自尽的时候只有37岁。在活着的岁月中，他的作品始终没有得到人们的认可，而他不得不依靠弟弟的接济生活。直到他离开人世之后，他的作品《向日葵》和《阿尔的教堂》才为世人所熟知。不得不说，凡·高就是抓到一手坏牌却努力打好的人，只不过他过于仓促地离开人世，没有来得及见证自己的成功。除此之外，还有很多伟大的艺术家、文学家等，都是通过努力才获得成功的。很多人对于成功人士都有一定的误解，总觉得大多数人之所以能获得成功，一定是得到了命运的青睐和善待。实际上，成功者非但没有得到命运的青睐，反而还遭受到命运更多的折磨。他们正是因为坚持不懈地与命运博弈，才能最终在与命运的较量中取胜，也才真正有所收获，创造伟大的成就。

当人因为抓到一手坏牌而面对窘境时，往往会身心俱疲，对人生感到非常无奈。在这种情况下，一定要摆正心态，不要因为抓到一手坏牌就对人生失去信心，更不要因为不知道如何把坏牌打好就彻底放弃人生。没有人能对人生未雨绸缪，在很多事情都没有发生的时候就给出最好的安排。对于人生而言，最重要的在于走一步看一步，未雨绸缪固然重要，更重要的是在真正推动人生前进的过程中，根据自身的条件，审时度势，做出最好的解决方案。就像很多人在真正做某件事情之前，总会被各种各样臆想的困难吓倒。实际上，很多困难未必真的会发生，即使发生也不会按照人们预先的想象去发生。所以与其杞人忧天，在还没有真正做某件事情之前就被苦难吓倒，不如按部就班，在不断推动事情向前发展的过程中，审时度势地处理问题。如此一来，才能避免无所谓的烦恼和忧愁，也才能让人生拥有崭新的未来。

很多情况下，人生的牌局远远没有你想象的那么悲惨。现实生活中，很多人之所以感到悲哀，总是怨声载道，并不是因为命运亏待他们，而是因为他们贪心不足，奢望太多。例如，对于一个没有腿的人而言，没有脚的人还有什么可抱怨的呢？要想对生活戒骄戒躁，最重要就是在面对命运的百般折磨时，始终都能鼓起信心和勇气，绝不轻易懈怠和放弃。

人应该怀有一颗感恩之心，物质上暂时的贫穷或者生活上一时的困境都不是最可怕的，最可怕的在于面临困境的时候，很多人都首先从精神上懈怠和放弃了。正如一首歌里所唱的：心若在，梦就在。对于每个人而言，只要心中的精神屹立不倒，人生就会有很多扭转局势的可能性。只要能够怀着坚忍不拔的毅力继续坚持下去，人生就能勇往直前，收获更多的成功和美好。记住，坏牌还是好牌，其实就在你的一念之间。

认清自身缺陷，才能超越自我

现实生活中，很多人都感到自卑，总觉得自己这里也不好，那里也不好，总而言之就没有能赶得上别人的地方。实际上，自卑是一种心态，自卑的人大多数都不喜欢自己，因为他们打心眼里否定和厌弃自己。自卑者还总是怀疑自己的能力，因此也就在心中限制了自己的发展，所以自卑者要想有好的发展，必须非常努力，才能到达人生成功的巅峰。

这个世界上没有十全十美的人，曾经有人说，每个人都是被上帝咬过一口的苹果。而且对于偏爱的人，上帝这一口下去，还会咬得尤其多一些。然而在降临人世间之后，这被咬掉一大口的苹果，看起来就有缺陷了，为此他们常常感到自卑，不知道为何命运要如此折磨和亏待自己。古往今来，有很多被上帝咬过一口的苹果都是人间奇才，例如虽然搞音乐却失去听力的贝多芬，虽然从事小提琴演奏事业却失去语言能力的帕格尼尼。还有，文学家弥尔顿是个瞎子，就这样凭着感觉在文学的海洋里畅游，尽情施展自己的才华。不得不说，上帝实在太嘴馋了，所以才会见到每个苹果都恶狠狠地咬一口。这也直接决定了每个人都是有缺陷的，只不过有的人缺陷比较明显，而有的人缺陷比较隐蔽而已。在这种情况下，每个人都要努力奋起，才能与残酷的命运抗争，也才能真正把握和操控人生。

缺点是什么呢？如果因为缺点或者缺陷而自卑，那么这样的人必然很难扬起信心的风帆。人人都有优点，也都在情不自禁放大自身的优点，但是对于缺点却有很多人都避而不谈，甚至愿意对自己的缺点视而不见。不得不说，这种行为貌似掩耳盗铃，并不能真正解决问题。每个人唯有正视自己的缺点，把缺点视为自己的根据地，不断地弥补和改进缺点，才能最大限度地提升自己的生命质量，从而让人生上升到一个更高的层次。

1965年初，博格斯出生在美国的巴尔的摩市。很小的时候，他就表现出对于篮球的狂热喜爱，自从8岁拥有了人生中的第一个篮球开始，他就不管吃饭睡觉都抱着篮球，绝不愿意松开片刻。博格斯从小的愿望就是成为NBA的球员。然而，他对篮球的狂热喜爱并没有得到命运的青睐，因为他的身高远远不够。直到20岁时，他的身高依然只有1.6米，要知道NBA的历史上从未有过任何球员这么矮小的。为此，每当说起自己的梦想，博格斯总是遭到同学们的嘲笑，很多同学都说博格斯是小松鼠，对博格斯想进入NBA的梦想不以为然。

一开始，博格斯的确非常自卑，也抱怨自己的缺陷如此明显，让他甚至无缘NBA。然而，等到想明白自己的身材是不能改变的之后，博格斯一改之前的自卑想法，而是勤学苦练，想要打破NBA的身高纪录。最终，博格斯如愿以偿成为NBA的球星，也成为美国首屈一指的职业篮球队员。

毫无疑问，如果博格斯一开始就因为身高而放弃了自己的梦想，那么NBA不但会失去一个优秀的球员，博格斯也根本无法成功地实现梦想，改变命运。幸好博格斯没被同学们的冷嘲热讽打倒，而是迅速地把自己的缺陷转化为前进的源源动力，最终以顽强不屈的精神创造了人生的奇迹，让自己的人生到达巅峰。

任何时候，我们都要意识到自己是有缺陷的，更要意识到人人都有缺陷，而缺陷并不能阻碍人获得成功。任何情况下，每个人都要最大限度地激发出自身的潜能，要戒除自卑，理智对待自身缺陷，才能扬长避短，取长补短，最终让人生拥有令人刮目相看的发展和成就。

第09章

爱情如诗如酒，历经流年终成佳酿

爱情从来不是一件简单容易的事情，尽管缘分能解决爱情中的很多玄机，却是可遇而不可求的，虽然会给人带来莫名的心动，但也会给人带来无法掩饰和弥补的遗憾。从本质上而言，爱情就像陈年的美酒，越是新鲜甘甜，越是历久弥新。有人说时间是医治一切创伤的灵药，实际上时间也是所有感情的试金石，唯有让爱情历经流年，而依然保持爱情的甜美，才是爱情的最美滋味。

把爱升级到高层次，让爱褪去苦涩

一直以来，人们都公认爱情是命运赐予人们的最美好礼物，的确，爱情的醇美甘甜，会让人生的苦涩褪去，而只剩下美好和幸福。然而，相爱的关系同时也是非常危险的，且不说相爱的人彼此都想占有对方，爱情实际上也会给予人生很多困惑和烦恼。除了爱情之外，把爱变得广义，包括父母对孩子的爱，包括朋友之间的爱等，未必给人带来的都一定是好的。例如很多父母打着爱孩子的名义，最终却完全剥夺了孩子的自由成长空间，还有很多情侣说是彼此深爱，却霸道地占据对方，更不愿意对方在与他们的交往之外还有其他的正常交往。不得不说，这样的爱都是肤浅的，都表现在形式上，而完全忽略了精神上的自由。

高层次的爱从不苦涩，所谓爱一个人就是为他好，希望他幸福，不仅仅适用于情侣之间，更适用于父母和兄弟姐妹之间。现代社会生存压力巨大，很多父母对于孩子都怀着望子成龙、望女成凤的理想。很多父母为了不让孩子输在起跑线上，总是给予孩子过大的压力。在学业上，他们不懂得心疼孩子，不知道孩子毕竟是孩子，孩子的成长需要更大的自由空间和充满爱的环境，而在生活中，他们却又过分溺爱孩子，恨不得一切都为孩子代劳，也因此给孩子形成了一场爱的灾难。实际上，父母对孩子的溺爱是对孩子最大的伤害，很多父母在孩子小时候凡事都为孩子代劳，等到孩子长大了，却发现自己什么都不会。这样一来，孩子还如何凭借自己的实力去应对人生，又如何能够真正为已经渐渐老去的父母支撑起一片晴空，且肩负起养育孩子的重任呢？

从小，玉姣就是一个乖乖女，父母把她的一切都安排得好好的，不管什么事情，从来不让她操心。玉姣就这样在一帆风顺的环境下成长，大学毕业后也在父母的安排下拥有一份好工作。最终，玉姣成家立业了，还是在父母的照顾下生活，虽然生了孩子自己却从未真正带养过孩子。直到有一天，父母渐渐老去，父亲查出患了癌症，玉姣突然觉得自己的天塌下来了。

妈妈不得不陪伴着父亲住院，玉姣既要照顾孩子，还要兼顾去医院里照顾父母，再加上老公工作忙，全力以赴做好经济上的后援工作，玉姣简直觉得自己分身乏术，快要崩溃了。爸爸住院的一个月时间里，玉姣家里一团糟，而且因为照顾疏忽，孩子还不小心骨折了。玉姣简直欲哭无泪，最终老公不得不也请假一个月，才能和玉姣一起兼顾家庭生活的方方面面，帮助玉姣渡过难关。

不管父母多么疼爱孩子，都不可能永远年轻下去，更不可能永远陪伴在孩子身边，照顾孩子的饮食起居。归根结底，孩子总要长大，总要独自面对人生的一切辛苦和磨难，如果父母不能及早培养孩子独立自主的能力，那么早晚有一天孩子会面对什么都不会的窘境，甚至拖累自己的孩子和父母。不得不说，这样的爱是苦涩的，尽管初尝的时候是甜蜜，但是随着光阴消逝，最终还是要表现出苦涩的本质。明智的父母不会无条件、无限度地溺爱孩子，相反他们很清楚，放手是对孩子最好的爱。与其让孩子等到不得不独自面对人生的时候再抓狂，不如抓住现在的机会培养孩子的独立自主能力，让孩子有备无患，在面对人生的困境时能够有的放矢，兵来将挡，水来土掩。

　　爱得太多，在甜蜜之余必然会产生苦涩的滋味。当一个人被爱束缚，是非常可怕的。因为人在遭遇外界力量的束缚时，他知道反抗和抗拒，也能够理性地提升和完善自己的能力。而当一个人面对甜蜜的爱时，他则往往会被麻痹，沉浸在爱的温柔乡里无法自拔。由此可见，当被爱太多，不管这种爱是来自父母的，还是来自爱人的，我们都要引起警惕。尤其是对于爱人浓烈的爱，更要保持适度的距离，任何时候都不要失去自我。近些年来，因爱生恨的事情并不罕见，尤其是很多爱人之间往往会因为爱得没有安全距离，导致恨不得完全占有对方，甚至打着爱的旗号完全剥夺对方正常的人际交往权利。不得不说，这样的爱是自私的占有，而不是无私的深爱，是不值得珍惜，反而应该引起警惕和重视的。总而言之，在感情的世界里，不管我们是作为付出爱还是作为接受爱的一方，都应该擦亮眼睛，保持对爱的警惕，才能在爱的世界与他人之间保持理性友好的关系，也不至于与所谓的爱人过于亲密，导致彼此失去了自由自主的空间。

趁还输得起，好好享受爱情

人人都渴望得到爱情，正如歌德所说，哪个少女不善怀春，哪个少男不善钟情。当到了情窦初开的年纪，几乎每个少男少女都希望得到爱情的馈赠，想让自己如花似玉的年纪在爱情的滋润中绚烂绽放。然而，爱情带给人的并不只是甜蜜，很多人还会在爱情之中失去自我，也因为爱情蒙蔽双眼，导致在人生之中做出错误的抉择。

要想更尽情尽兴地享受爱情，最重要的就在于一定要趁着输得起的年纪，谈一场轰轰烈烈的恋爱。对此，相信很多朋友都会觉得纳闷，为何爱情还会输不起呢？爱的本质是无私忘我的付出，如果一个人输不起，那么面对爱情，在付出之后而没有得到预期的回报时，就会觉得自己受到伤害。尤其是那些对于爱情占有欲望很强的人，他们爱得灼热，对爱人付出的时候毫无保留，因此当付出得不到回报的时候，往往会歇斯底里。毫无疑问，对于他们而言，爱情不再是单纯地享受，而是一种沉重的负担。所以要想享受爱情，一定要让自己输得起，也要让自己在面对爱情中的诸多困惑时，能够坦然从容，绝不以爱情作为沉重的负担和悔不当初的懊丧。

大二那年，小路就与女朋友艾薇谈起恋爱。在同学们眼中，他们是令人羡慕的一对，因此大家也都看好他们大学毕业后能走到一起，成为全班同学爱情的楷模。然而，在大四那一年，小路和艾薇不知道为何突然分手了。正当闺密们都感到纳闷时，艾薇说出了原因。

原来，小路是一个心胸狭隘的男生，随着艾薇和班级里男生的交往越来越多，小路对艾薇的意见也越来越大。有一次，艾薇因为学生会的事务和学生会主席一起讨论学校活动的流程，小路就火冒三丈，甚至因此而与艾薇大吵一架。对于小路几次三番表现出来的小心眼，艾薇再也无法忍受，最终向小路提出分手。其实，校园恋情分分合合原本是很正常的事情，但是小路却无法原谅艾薇，并且四处散播艾薇水性杨花的谣言。一开始，艾薇还因为主动分手对小路心怀内疚，最终，艾薇很庆幸自己看清了小路，并且没有在这段感情里付出太多，越陷越深。

在这个爱情桥段中，小路显然就是那个输不起的人。实际上，对于大学校园的恋情而言，因为缺乏物质和经济基础，相爱的双方也都不够成熟，所以分手是很常见的。但是当艾薇提出分手，小路却四处造谣中伤艾薇，不得不说这是非常卑劣的行为，也验证了艾薇对于小路小肚鸡肠的判断。幸亏小路没有因此而对艾薇做出什么过激的举动，否则就会导致更严重的后果，也会使得一段原本可以好合好散的感情因此而陷入极端困境。

对于爱情，就连上帝也无法打包票，保证爱情的结果一定是圆满的。人的心是最复杂多变的，再加上每个人对于爱情的理解和渴望都各不相同，也就决定了爱情的道路上人人都要承受挫折和磨难。正因为爱情的反复无常，所以在输不起的时候，千万不要随意地谈恋爱。尤其是作为女孩子，因为在爱情之中她们往往更加投入，更容易受到伤害，所以更不要当渣男收割机，只有在准备充分也对爱情深刻理解的情况下，女孩才能更好地享受爱情，也才能在爱情到来的时候拥有爱情。

现实生活中，并不是每一份爱情都是因为缘分而生，很多时候，年轻人因为内心空虚谈恋爱，年纪大的剩男剩女也会因为着急走入婚姻而谈恋爱。殊不知，爱情是掺不得假的，一旦有任何虚假的心意，爱情就会完全变味，也无法继续美好而存在。还有的人因为失恋而盲目投入下一场恋爱，殊不知，如果心中对于爱情的创伤没有完全愈合，盲目投入爱情只会再次导致两败俱伤。同样的，爱情也经不得等待，更经不起分隔两地的长相思。现代社会发展越来越快，人心也变得更加浮躁，每个人唯有静下心来善待爱情，才能收获爱情，也才能在最美的年纪拥有最绚烂的爱情。当然，每个人对于爱情的态度都是无法强求的。有的人对爱情洒脱，有的人对爱情重视，有的人给予爱人最大的自由空间，有的人却对爱人的一举一动都斤斤计较。最重要的在于，萝卜白菜各有所爱，人人都要找到最适合的爱人，也要找到最适合自己的爱情，这样才能让爱情完美绽放。

世上没有天造地设，只是彼此磨合而已

每当看到其他情侣之间的举案齐眉，相敬如宾，相信大多数打打闹闹的情侣一定会感到非常羡慕，也会因此而反思自己的爱情。是啊，同样作为爱情，为何他人的爱情就能恩爱有加、甜蜜如初，而自己的爱情却总是磕磕绊绊，比欢喜冤家还充满了决斗的意味呢？这是因为不同的爱人和情侣之间会采取不同的相处模式，而每一份爱情都带有天生的相处烙印。此外，排除这些无法改变的因素，从人为的角度来讲，大多数完美的爱情其实一开始的时候也不完美，只是随着相处的时间越来越

长，彼此之间经过磨合，才变得合适了而已。

这个世界上根本没有所谓的天造地设，老夫老妻之间的相濡以沫也并非是与生俱来的。众所周知，几十年前父母的婚姻很少有自由恋爱，尤其是祖辈的婚姻更是父母之命、媒妁之言，甚至有很多老夫妻在结婚之前根本没有相互见面。而他们结婚之后也过得很好，在离婚还不那么流行的年代，他们甚至踏踏实实、死心塌地地彼此相守。他们尽管也会对对方感到不满，却从来不会把离婚挂在嘴边，在他们心里，婚姻是一辈子的事情，所谓执子之手，与子偕老，所以他们才能在婚姻生活中无怨无悔，本着相守一生的态度与对方磨合，绝不轻易放弃。正是这样的态度，让他们内心里与所爱的人不离不弃，成就了一生一世的好姻缘。

在封建社会，婚姻讲究门当户对，即使到了恋爱和婚姻自由的现代社会，还是有很多人迷信门当户对，觉得只有门当户对，婚姻才能幸福。然而，有很多捍卫恋爱自由的人给予了这个偏见有力的反击，他们以实际行动证明了婚姻可以超越世俗的一切偏见，获取真正的成功。然而，从另一个角度而言，不符合门当户对观念的婚姻的确在相处过程中会遇到障碍，例如夫妻之间缺乏共同话题，对于人生的很多观念也完全不相符等。这些都会导致婚姻产生障碍，也会使得相爱的人相处出现障碍。所以把门当户对的老观念改造一下，要求相爱的人应该志同道合，还是有充分理由的。

从小腼腆的刘强，也许是因为潜意识里的性格互补需要吧，居然就相中了性格直爽、做事冲动的香莲。最重要的是，刘强还是温文尔雅的大学生，而香莲则是大字不识多少的农村女孩。在遭遇家人的强烈反对

第09章
爱情如诗如酒，历经流年终成佳酿

后，他们也没有放弃所谓的爱情，而是义无反顾选择裸婚，直到生米做成熟饭才回到家里。

然而，等到爱情渐渐褪色，浪漫的生活回归柴米油盐酱醋茶的本色，刘强和香莲的生活陷入了鸡飞狗跳之中，在各个方面的道不同不相为谋，导致他们在很多方面都显得极其不合拍。最终，刘强和香莲陷入了婚姻的困境。然而，经过一段时间痛苦的磨合之后，爱情最终还是战胜了生活的琐碎，他们最终居然就这样过了下来，而且一路走到老，尽管依然唠唠叨叨、摩擦不断，但是感情却越发显得深厚起来。

即使是不合拍的夫妻，在面对感情生活的困厄时，只要不愿意离婚，就能够用感情战胜矛盾，最终不断地磨合，获得婚姻生活的延续。然而，在现实生活中，这一切都显得那么艰难，如果在谈婚论嫁之初就能意识到志同道合的重要性，理性意识到婚姻不是随便说说的儿戏，就能让彼此之间有更多的共同点，也就能让婚姻成为和谐的典范。

不可否认的是，每个人都处于不断的发展和变化之中，对于自己原本喜欢的东西，也许经历一段时间之后就不那么喜欢了。同样的道理，曾经以为天长地久的爱情，也会在一段时间之后，变得浅淡起来。越是面对这样的情况，越是不要把爱情看得那么神圣，归根结底再浪漫的爱情也会归结到平淡的生活本质中，需要每个人耐得住寂寞用心经营。所以爱情并非是黏在一起就能长久，婚姻也不是分分合合、打打闹闹就要结束的。每个人唯有了解爱情的本质，意识到是否合适只是表面现象，唯有真正相互融合才能使爱情保持长久，本着相互磨合的态度彼此包容、理解和体谅，才能让爱情更加地久天长。记住，没有任何仅靠一见钟情就能走到最后的爱情，而一见钟情之所以成就好姻缘，只是因为彼此磨合得相互合拍了而已。所以不要盲目羡慕他人的爱情总是能够长久幸福，只要你用心与所爱的人相处，努力与所爱的人磨合，你也同样可以拥有最完美的爱情。

爱情中，你也许永远无缘对的人

西方国家有个神话，说男人与女人原本是一体的，后来才被分开，所以每个男人和女人都要寻找自己命中注定的另一半，才能拥有最幸福美好的爱情。为此，很多人就开始了漫长的寻觅过程，始终苦苦寻找，却求之而不得，对于这个人感觉不对，对于那个人心生反感，总而言之从未遇到感觉完全对、一见钟情的人，这到底是为什么呢？实际上，爱情禁不起传说的苛求，一个人如果死死抱着传说不放，非要找到爱情中天造地设的那个人，几乎是不可能实现的事情。尤其是很多人对于命中注定的那个人还在心中无限幻化了，总觉得一旦遇到那个人就会马上看在眼里，记在心里，哪怕看那个人的缺点也会觉得完全正确，更不会因为那个人做错了某件事情而大发雷霆。这可能吗？在这个世界上，即使对我们完全无条件付出的父母，也不可能真正这样无原则地包容和理解我们，更何况是没有任何血缘关系的陌生人呢？

人与人之间是需要相处的，哪怕是亲密如同父母子女，也需要不断地相处，才能让父母子女的缘分延续下去，感情更加深厚。而作为爱

第09章
爱情如诗如酒，历经流年终成佳酿

人，有从小青梅竹马的感情作为基础已经是莫大的缘分，大多数相爱的人都是从小互不相识，长大之后才机缘巧合认识的，没有任何感情作为基础，彼此之间完全缺乏了解。所以所谓的相看两欢喜，只有可能出现在相互一见倾心的那一刻，随着交往的不断深入，彼此之间必然因为了解了对方的缺点和不足，而对对方心生不满。当然，爱情需要的是包容，不要因此就觉得对方是不对的人，而要努力地包容和理解对方，也要用心地与对方磨合，才能让感情渐渐深厚，最终渐入佳境。

最好的爱情不是一见钟情，而是相看两不厌，明知道对方身上有很多的缺点和不足，却依然能够坚定不移地守在对方身边，和对方在一起，这样的爱情，才是从浪漫转化为脚踏实地，也是真正值得人们羡慕和赞许的。然而，人是不断改变的，人的感情同样处于发展变化之中。很多人在度过或短或长的婚姻生活后却选择分手，这并不是因为此前的爱情是虚假的，而只能说以前是真心相爱，现在也是真心不爱了。所以当在爱情中遭遇伤害时，很多人都对对方充满憎恨，"念念不忘"，完全是因为满心的恨意。如果能想明白这个道理，知道自己的确曾经真正拥有对方的爱，只不过现在爱情走了，不在了，那么彼此之间就能更好地相处，也能让自己的内心对于爱情的悄然走远感到释然。

不可否认，彼此之间一见钟情的爱情是有的，彼此相看欢喜的情投意合也是有的，只不过概率太低。大多数人的爱情是日久生情，也有些人的爱情是基于理性的基础上慢慢相处才产生的不温不火的感情。一个人很有可能穷尽一生也无法遇到对的那个人，难道就因此而对爱情彻底失望了吗？从本质上来说，爱情有多种，因为理智而选择与一个人恋爱结婚生子，同样是值得珍惜的爱情。当爱情不足以点燃你心中的火焰和激情，你就要告诉自己用心去爱，这样才能以主动的姿态呈现在爱情之中，也才能真正收获爱情。

大学毕业后，王玲因为脾气不好，伤害了男友的面子，因而和男友分手了。后来，她始终没有遇到心仪的男孩，就在父母的介绍下，与一个中规中矩的男孩结了婚。这个男孩并不是王玲喜欢的瘦瘦高高类型，而是矮胖的，之所以选择结婚，一则是因为自己年纪大了，二则也是因为这个结婚对象在县城有稳定的工作，而且也有房子。就这样，原本对于爱情充满渴望的王玲，出于世俗的原因和男孩结婚了。

结婚后，王玲才发现没有爱情的支撑，琐碎的婚姻生活的确让人备感煎熬。男孩从小被父母娇生惯养，所以非常任性，凡事都听妈妈的，根本不知道如何疼爱新婚的妻子。也因为缺乏情趣，生活寡淡无味，王玲为此不知道偷偷地哭了多少次。很快，他们的第一个孩子出生了，是个女儿，为此婆婆对王玲也不冷不热的，让王玲深感委屈。如果不是为了孩子，王玲无数次想过离婚。然而，她无法下定决心，从小作为乖乖女的她不知道如何面对离婚后的生活。后来，王玲迫于婆婆的压力，又生了个儿子，这下子她就更不可能摆脱这段婚姻了，为此她心中感到彻底的绝望，觉得人生黯淡无光。一个偶然的机会，王玲遇到了老同学，说起了自己的经历。老同学劝说王玲：很多人的婚姻都是如此，既然没有遇到对的人，就要把婚姻经营好，把错的人变成对的人。婚姻何尝不是一次学习呢，彼此学习，彼此改变，这样才能让婚姻走向好的方面。

老同学的话让王玲茅塞顿开：继续这样下去，苦的只能是自己，与

第09章
爱情如诗如酒，历经流年终成佳酿

其与婚姻较劲，不如坦然接受婚姻，这样也能让自己的婚姻有好转，说不定还能从相互怨恨变成相互珍惜和扶持呢！自从改变态度后，王玲觉得日子不那么难熬了，她还尝试着发现丈夫的优点。最终，她虽然不是嫁给了爱情，却经营好了自己的婚姻，拥有了相濡以沫的生活。

并非每个人都有足够的幸运遇到对的人，尤其是在婚姻生活中，很多人对另一半都很不满意。其实，不仅世俗的婚姻面对这样的问题，就算是因爱而生的婚姻，当爱情的浪漫和激情渐渐褪去时，也同样需要面对琐碎的生活，面对让人抓狂的人生。正如人们常说的，心若改变，世界也随之改变。把这句话简单地改一改，我们就可以说：心若改变，婚姻也随之改变。就像事例中的王玲，正因为对待丈夫和婚姻的心态改变了，所以原本煎熬的婚姻也就不显得那么面目可憎和让人无法忍受了。

人生不如意十之八九，尤其是对于婚姻，要想完全满意，更是很难得。如果说爱情是高高悬浮的，虚无缥缈的，那么婚姻则需要每个人都脚踏实地，才能全面兼顾。对于婚姻，每个人都会有自己的渴望，最重要的在于不要把渴望无限放大，更不要对婚姻怀有不切实际的幻想。既然人生之中有很多不如意，人对于爱情当然也不可能完全满意。与其在爱情之中怨声载道，不如摆正心态，给予爱情最好的包容。现代社会，有很多大龄剩男、大龄剩女，他们并非不够优秀，其中相当一部分大龄剩男和大龄剩女都是非常优秀的人才，之所以剩下来，就是因为他们对于爱情充满憧憬和渴望，对于人生的另一半有过高的要求和奢望。要知道，这个世界上没有任何人是绝对完美的，真正的爱，是把对方的缺点也看得可爱，并非是对方没有任何缺点。唯有想明白这一点，我们才能摆正心态，也才能积极地对待爱情和婚姻。

在爱情中，你即使找不到那个对的人，那又如何呢？这并不影响你去爱，而且还要注意区分，你的人生并不是只以爱情为全部。实际上，每一个爱人的出现，每一件事情的发生，都是为了让你遇见更好的自己。如此想来，你当然会知道只有自己才是人生的主角，也就不会对爱人那么苛刻了。记住，一切的相遇都是命运最好的安排。你只有走好自己的路，才能遇到对的人，你也只有足够努力，才能把遇到的人变成对的人。

爱情需要抓紧，也需要放手

有人说，吵吵闹闹，白头到老。实际上，这只是对于吵架夫妻的一种善意安慰而已。在感情生活中，既没有从来不吵架的夫妻，也没有绝对不伤感情的吵架。每一次争吵，都会导致夫妻感情出现细小的裂纹，有的时候，一次大爆发的争吵还会导致夫妻彻底分道扬镳。在经营婚姻的过程中，任何争吵都是不利于感情维持的，每当出现负面情绪的时候，我们一定要理性地消除负面情绪，及时与对方沟通，才能避免负面情绪不断积累，而使争吵升级，影响婚姻的安定美好。

对于爱情，人人都心向往之，然而爱情既需要牢牢抓住，也需要学会放手，这才是正确的态度。很多人一旦面对爱情就失去理智，根本不能做到及时对爱情放手，自己毫无保留地付出，也要求他人同样毫无保留地付出，殊不知，这是不合理的。每个人的脾气秉性不同，对于爱情的理解也截然不同。爱情就像手心里的流沙，既不能张开手掌任由它溜走，也不能紧紧攥在手掌心，否则同样会使爱情从指缝间溜走。总而言之，唯有对爱情采取正确的态度，才能让爱情保持长久，也才能帮助每个人都得到梦寐以求的爱情。

在琐碎的家庭生活中，张坤总是和乔丽因为各种各样琐碎的问题争吵。张坤是一名小学教师，每天都要面对整个班级的学生，不但要负责学生们的学习，还要兼顾照料学生们的日常生活，这使得他很疲惫，每天下班之后都累得一句话也不想说。

有一天，张坤身心俱疲地回到家里，等待着他的却是妻子的抱怨。他才刚刚打开门，妻子就一连声地对他说："我受不了了，受不了了，再也受不了了！"对于妻子的话，张坤忍不住皱起眉头，他知道妻子一定又在说母亲的事情。张坤的母亲是一个老年痴呆患者，一直以来都与他们在一起生活，主要由妻子负责照料。张坤当然知道妻子在工作之余还要照顾母亲有多么辛苦，但是妻子这样无休止的抱怨，同样让他感到抓狂。他对妻子说："乔丽，我们已经为此争吵过不知道多少次了，我觉得咱们暂停好不好？好不容易辛苦工作一天，回到家里想休息一下，却又要因为这个根本无法解决的问题而争吵，我觉得我们都不要再说起这个话题了。"妻子原本想向张坤大诉苦水，听到张坤的话，意识到这个问题的确无法解决，再看看张坤疲惫不堪的神情，妻子当即改变态度，转移话题："好吧，你今天过得怎么样？"就这样，张坤和乔丽不约而同地都采取放下的态度，他们也避免了因为那个老生常谈的问题再次争吵。

从爱情走入婚姻，生活突然间变得琐碎起来，也从浪漫的爱情变得脚踏实地，尤其是当婚姻生活面对无法推卸的责任时，就更导致婚姻生活变得无奈，也无法卓有成效地改变。对于这样的现状，夫妻双方都应该怀有明确的态度，那就是学会放下。人生之中，尤其是婚姻生活中，哪怕再多抱怨，也不能让问题马上就得到有效的解决。明智的人不会因为这些问题而耗费太多的时间和精力，更不会因为这个问题而伤害夫妻感情。很多人做事情都喜欢权衡利弊，作为夫妻双方，就更要权衡利弊，才能分清楚轻重主次，及时有效地解决问题。

要想夫妻之间不吵架，最好的办法就是在遇到难以解决的问题时，把问题搁置下来，让时间给出最好的答案。否则，一味地争执而找不到正确的解决方案，只能徒劳伤害感情，导致很多事情都无法继续顺利进行下去而已。当然，这种方式只是延迟处理，而不是说彻底把问题放下，不再解决。很多如今看起来是疑难杂症的问题，在时间的流逝下，最终会变得简单明了，也会得以以最好的方式解决。

执子之手，与子偕老

在爱情之中，最令你感动的事情是什么？是看到相爱的人在经历隆重的典礼后得到世人的祝福，而理所当然、光明正大地在一起，还是看到在遇到疾病、贫苦或者灾难时不离不弃呢？这些当然都是爱情中最让人感动的瞬间，然而真正让人深受感动的爱情，莫过于执子之手，与子偕老。当看着白发苍苍的老人携手走过夕阳红，看落日余晖时，心中的

第09章
爱情如诗如酒，历经流年终成佳酿

感动会如同流水般涌现，启发人对爱情最深刻的启迪和感悟。

当爱情如同昙花一现时，这样的爱情尽管充满激情和热情，却无法长久，无法让人感受到爱情的真谛。唯有在爱情之中拥有更多，并且在爱情之中收获更多，度过漫长而又琐碎的人生，爱情才是真正经历了考验，才能历久弥新。人生其实是一条抛物线，从孩童到青壮年，再到暮年，人生似乎又回到了起点。在人生夕阳西下的时刻，两个老人如同孩子般拥有赤子之心，彼此手牵着手一起走过，这是人世间最美丽的风景。

爱情，不能只靠一见钟情的冲动去支撑，也不可能永远花前月下享受浪漫和甜言蜜语。真正的爱情摒弃了浮躁，所谓平平淡淡才是真，只有淡如白开水般的爱情才能真正滋养人生，也才能让人生更圆满。

作为萨马兰奇的妻子，玛利亚为了支持萨马兰奇，心甘情愿做萨马兰奇背后的女人。在与萨马兰奇结婚之前，玛利亚是西班牙的选美冠军，是上流社会的名媛，不但是一名优秀的记者，而且还能说五国语言，尤其擅长绘画和弹钢琴。然而，自从与萨马兰奇结婚，玛利亚心甘情愿放下自己的一切，投入自己的所有热情和人生智慧，为萨马兰奇生儿育女，操持家庭。

美丽聪慧如她，擅长做萨马兰奇最喜欢吃的食物，精心为丈夫挑选得体适宜的服装。玛利亚与萨马兰奇的爱情维持了半个世纪，在这半个世纪里，他们始终彼此深爱，相互扶持。直到2000年的悉尼奥运会举行前几个月，玛利亚身患癌症，为此，萨马兰奇决定留守在玛利亚身边，陪伴玛利亚走过人生之中最后的时光。然而，玛利亚不让萨马兰奇错过最后一次以奥委会主席的身份出席奥运会的机会，在玛利亚的坚持下，萨马兰奇如约出席2000年的悉尼奥运会。在奥运会开幕式上，白发苍苍的萨马兰奇对着话筒轻声说道："你好，西班牙。"现场的西班牙观众都沸腾了，只有萨马兰奇知道，这是对远在西班牙守候在电视机前的妻子最深情的爱的表达。不等奥运会结束，萨马兰奇就登上私人飞机匆忙赶回西班牙，然而，就在他还有两个小时就将到达西班牙时，传来了玛利亚去世的消息。萨马兰奇觉得自己的心瞬间被掏空了，玛利亚是故意避开他一生的幸运日——17日离开人世的吗？为此，甚至都不愿意再多等他一会儿。下了飞机，萨马兰奇把妻子冰冷的身体拥抱在怀中，不停地亲吻着妻子的额头。得妻如此，夫复何求？得夫如此，妻欲何求？

执子之手，与子偕老，真正的爱情不求轰轰烈烈的开始，但求相依相伴地结束。47年的相依相守中，玛利亚向萨马兰奇付出了自己所有的爱与光，终于可以平静而又安然地离开自己守护了47年的男人。而萨马兰奇呢，蓦然回首，再也看不到妻子的身影在守望着他，心中必然是无尽的遗憾和伤痛。

作为年轻人，人人都渴望爱情轰轰烈烈，如同飞蛾扑火，而只有等到爱情真正老去，他们才恍然大悟，原来携手度过这一生才是人世间最伟大的事情，才是最了不起的壮举。爱，不是挂在嘴上的誓言，也不是炫耀出来供人观瞻的传奇。爱就这样私藏在心底，就像涓涓细流般流淌，绵绵不绝，唱响人世间最美丽的赞歌。

好好与自己相处，才能好好去爱

一个人如果没有自爱的能力，如何能做到好好地爱别人呢？所以一个人要想拥有爱情，要想认真而又投入地去爱别人，就一定要好好地与自己相处，认真地爱自己，才能在与他人相爱的过程中，爱好别人。

很多人都对爱的理解与把握都本末倒置了，他们拼尽全力地去爱别人，却完全忽略了自己，把爱情视为人生的全部，一旦被爱情伤害，马上就会觉得天塌地陷，甚至把整个人生都放弃了。这当然是错误的选择和决断，也会给人带来刻骨铭心的伤害。一个不懂得爱自己的人，无论如何也不能给予别人充分而又恰到好处的爱，他们的爱不是太重，就是太轻，常常因为失去了分寸，而导致被爱的人觉得不自在。而唯有学会爱自己，与自己好好相处，才能更好地把握爱的分寸，不至于因为与爱人的关系太过亲密或者疏远，而失去爱的能力。

如何与自己好好相处呢？实际上，在不同的人之间，人生的质量有很大的悬殊。有的人一天24小时只是活着，而有的人却在用心地享受生活。很多人都觉得幸福快乐一定是与金钱物质挂钩的，实际上，一个人是否快乐，与他是否博学多才、有钱有权都没有太大关系，而是取决于他能否好好地与自己相处。很多人都自诩爱自己，但其实他们的爱只是作为口号挂在嘴上，很少落到实处。现实生活中，大多数得到幸福快乐的人，都是擅长与自己相处的人，而大多数感到人生痛苦和不顺畅的人，都是与自己较劲的人，他们无法与自己好好相处，导致人生充满了不如意。

从心理学的角度而言，每个人与这个世界的关系，都是与自己关系的投射，这也就是说，人与自己的关系决定了人与世界的关系。一个人唯有爱自己，把自己照顾得好，才能爱这个世界，也才能爱世界中的每一个人，并且以周到热情的态度与他人之间建立良好的关系。尤其是对于亲近的人，就更需要处理好关系，才能相处长久。

　　与自己好好相处，首先需要客观公正地认知和评价自己，也需要正视自己的需求。这种需要既包括身体上的，也包括精神上的。看到这里，也许很多人都觉得不以为然：我们当然会满足自己的需要。先不要把这样自满的话说得太早，因为心理学家经过调查研究发现，很多人其实并不知道自己真正需要什么，也就无从谈起满足自己的需求。其次，为了与自己好好相处，对自己要有义气，要给予自己安全感，才能更加坚定不移地相信自己。再次，古人云，严于律己，宽以待人。实际上，现实生活中，人也需要对自己宽容。很多人在生活中都会产生无力感，都觉得自己的心上有着沉重的负担，而不知道人生是需要放松一些度过的。唯有宽容自己，我们才能宽容这个世界，唯有给自己更自由博大的生存空间，我们才能减轻疲惫，让自己随时随地都能停下来休息一下。最后，我们还要信任自己。相信具有强大的力量，一个人唯有相信自己，才能拥有这样的力量，也才能如愿以偿改变与自己的关系，改善与外界的人和事情之间的关系。

　　总而言之，与自己好好相处并非是简单容易的事情，每个人从呱呱坠地来到这个世界上，就忙着学习各种各样的知识和技能。当真正静下心来面对自己的时候，反而觉得手足无措，偶尔还会觉得头脑中一片空白。然而无论如何，我们都必须学会与自己相处，改善与自己的关系，这样才能更好地拥抱世界，享受命运赐予我们的一切。

第 10 章

走出曾经的阴影，失败了也要昂首挺胸

人生之中，谁不曾遭遇失败就能成功，谁不曾流汗流泪就能到达终点呢？归根结底，人生从来不是轻松如意的，面对人生沉重的过往，每个人都要卸下心灵的重负，走出失败的阴影，才能昂首挺胸，阔步向前。

忘记昨日，活在今天

人生是漫长的，没有人知道人生的终点在哪里，有些人的人生会毫无征兆地戛然而止，而大多数人的人生都很漫长。为此，很多年轻人自以为拥有年轻作为资本，就可以肆意挥霍青春，甚至觉得人生是永远也不会消逝的。殊不知，在时间的悄然流逝中，人生渐渐地消逝，没有人能够抵抗时间的侵蚀。既然如此，每个人要如何对待人生，才能无怨无悔，拥有充实而值得期待的人生呢？

实际上，人生不管多么漫长，只有3天的时间，那就是昨天、今天和明天。昨天已经过去，成为不可改变的历史，明天还未到来，只有今天才是每个人切实把握在手中的。从这个意义上来看，要想拥有充实的、无怨无悔的昨天，要想拥有值得期待的明天，每个人唯一需要做到的就是把握住今天。因为当把时间往前推移，今天就是我们曾经无比憧憬和期待的明天，而把时间往后推移，则今天就是每个人都心心念念不忘的昨天。其实，如果不曾认真地把握今天，完全没有必要对昨天念念不忘。因为如果把每一个今天都用于缅怀昨天，那么每一个今天都会成为让人懊丧的昨天。归根结底，不管是想拥有充实的昨天，还是想拥有满

第10章 走出曾经的阴影，失败了也要昂首挺胸

怀希望的明天，每个人都要更加坚定不移地把握好今天。

自从离婚之后，小雅就变成了祥林嫂。她从大学毕业就支持丈夫创业，如今丈夫成了不折不扣的钻石王老五，却嫌弃她这个为了家庭牺牲一切的黄脸婆了。为此，小雅发誓要把丈夫搞臭，让丈夫臭名昭著。在从丈夫那里得到一些财产之后，小雅也不工作，就这样整天蓬头垢面，逢人就诉说。渐渐地，那些曾经同情小雅的亲戚朋友们，都对小雅感到厌烦了。他们都劝说小雅尽快地放下仇恨，投入新的生活，毕竟小雅才30岁，正值人生的大好时光呢！每当听到别人这么说，小雅都愤愤不平：你们为何都向着那个陈世美呢，我才不原谅他！

直到有一天，小雅从亲戚那里得知丈夫非但没有被她搞臭，反而过着很好的生活，如今也已经再婚，连孩子都1岁多了。小雅就像受到了致命的打击，转眼之间人生失去了方向。小雅整整三天不吃不喝不出门，3天之后，她突然间想明白了：那个曾经深深伤害我的人都已经走出了阴影，也拥有了新的人生，我为何要让自己给逝去的失败人生陪葬呢！从此之后，小雅痛定思痛，把孩子送去幼儿园让父母负责接送，自己则捡起自从大学毕业后已经丢了好几年的专业课程，认真学习，参加培训班等，让自己跟得上时代发展的脚步。后来，小雅如愿以偿地找到了好工作，整个人都变得不一样了。几年之后，小雅也迎来了人生的崭新爱情，回想过去，她无怨无悔，说："如果不是曾经被抛弃，我也不会成为今天这样独立自强的女性，更不会得到更优秀的男人喜爱。我感谢曾经的伤害。"

从小雅所说的话来看，她的确已经走出了人生的阴影，也对过去

的一切都释然了。假如当初小雅一直沉浸在痛苦之中无法自拔，那么她终将无法成就今天的自己，反而会变成一个彻头彻尾的怨妇，也许一开始能博得人们的同情，但慢慢地只会让人们哀其不幸，怒其不争。人生之中，没有任何一段经历是白白经历的。每一段人生经历都是人生中不可多得的养分，也是人生中最有深度的历练。唯有走过人生的苦痛和折磨，人才能真正成长。

每一个人都要学会对人生放手，不是彻底放弃人生，而是放下人生中不如意的过往。记住，人生总是要朝前看，才能充满力量，绝不畏缩。而一旦人生总是朝后看，则只会让人感到心灰意冷，沮丧绝望。朋友们，你们做好准备抓住当下，创造精彩辉煌的人生了吗？做好准备，人生就将为你呈现精彩。

踩着失败的阶梯前进，才能超越自己

有谁能一生下来就受到成功的青睐，而从未尝试过失败的滋味呢？当然不可能。远的不说，就说孩子学习走路，往往也要摔很多的跟头，才能跟跟跄跄地独立去走，之后还要经历很多磨难，吃一堑长一智，在摔倒之后站起来继续勇敢向前，才能最终更熟练地走路。孩子从出生到渐渐成长，要经历人生太多的第一次，而真正学会和掌握这些第一次，则要求孩子必须承受失败，而且即使遭遇失败也能绝不放弃，从而不断超越自己，获得成功。

第10章
走出曾经的阴影，失败了也要昂首挺胸

不仅孩子的成长需要经历重重磨难，哪怕作为成年人，面对生存压力越来越大的现代社会和竞争日益激烈的现代职场，人们更需要不断地提升和锤炼自我，才能为自己赢得立足之地，让自己在站稳脚跟之后取得更好的发展。否则，如果人们在现实生活中总是遇到小小的挫折和坎坷就马上放弃，根本不能想方设法战胜困难，超越困境，那么人生的未来也就值得担忧了。

人生有太多的坎坷，也有太多的意外惊吓，所谓人生不如意十之八九，注定了每个人在人生之中都要经历磨难，都要承受失败的打击。心理学家经过研究发现，大多数人在天赋方面其实相差无几，而之所以有的人获得了成功，有的人总是与失败纠缠，归根结底是因为他们在面对失败的态度截然不同。成功者哪怕遭遇失败，也能越挫越勇，而失败者一旦遭遇失败，就会在人生之中失去勇气，甚至一蹶不振。可想而知，面对一个止步不前的人，当生活的洪流滚滚向前，等待着他们的必然是失败。

作为美国的前任总统，林肯的一生可谓是倒霉透顶，在成为美国总统之前，他始终与失败纠缠，甚至无法改变命运。

1809年，林肯出生在美国一个普通的农民家庭，因为家境贫困，林肯小小年纪就要跟随父母一起劳作。在进入政坛之前，林肯从事过很多工作。1832年，他失业了，因为意识到从商很不容易，他才萌生出当政治家的梦想。遗憾的是，他接连两次竞选州议员都惨遭失败，为了维持生计，他不得不再次经商，开创企业，然而企业破产，导致他欠下巨额债务，直到此后17年，他才真正还清债务。不得不说，这次破产让林肯

在经济上遭遇了致命打击。

破产之后没多久，林肯痛定思痛，再次决定从政。也许是命运可怜林肯，这次竞选州议员，林肯居然成功了，为此林肯感到非常兴奋，也看到了人生的希望。然而，1835年，林肯在结婚前不久失去了挚爱的未婚妻，这使他一蹶不振，彻底卧病在床。经过一年多的休养，林肯才渐渐恢复元气，又开始竞选州议员，但是又失败了。几年之后，林肯竞选国会议员，还是以失败而告终。接踵而来的失败没有彻底击垮林肯，他再次参加竞选国会议员，终于获得了成功。这是长久以来，林肯第二次获得成功。

很快，国会议员的两年任期结束，林肯想争取连任，却又失败了。林肯退而求其次，想竞选本州的土地官员，却接连两次失败。林肯没有被失败打倒。接下来，1854年他竞选议员失败；1856年他竞选总统失败；1858年，他竞选参议院，还是失败。至此为止，林肯已经失败了十几次，但是他毫不气馁。最终，林肯在1860年的总统竞选中大获成功，当选美国总统，从此在世界历史上留下了浓墨重彩的一笔。

林肯一生之中失败了无数次，也遭受了致命的打击，甚至因此卧病在床，但是他始终不放弃，不放弃对人生的努力和进取。终于，在坚持不懈的努力之后，林肯获得了人生中最大的成功，当选美国总统，由此走入了世界历史。

每个人在人生之中都会遭遇失败，也许次数没有林肯多，但是受到的打击一定不比林肯少。林肯之所以能够获得成功，与他在失败面前坚忍不拔的精神是密不可分的。如果林肯在最初遭遇失败的时候就选择彻底放弃，那么他必然不会有后来的辉煌与成就。尽管作为普通人，我们未必能够得到林肯那样的成就，但是最重要的在于，我们在面对人生的坎坷与挫折时，也要勇往直前，努力向前。记住，只有踩着失败的阶梯前进，才能距离成功越来越近。

谁的成功不是沾着血泪

每个人都渴望获得成功，然而，一个人如果输不起，也就注定了赢不起。这个世界上既没有天上掉馅饼的好事情，也没有一蹴而就的成功，人人的成功都需要付出代价，有些成功甚至需要有所牺牲才能获得。在这种情况下，要想成功，就要敢于拼搏，甚至敢于冒险，而凡事有利皆有弊，成功与失败的概率永远都是各占50%。甚至在资本市场上的定律——高收益伴随着高风险，也同样适用于成功。

在革命年代，革命将领号召全体将士必须吃苦在前，享乐在后。对于成功，也是同样的道理，必须付出在前，收获在后。否则如果一味地只想着获得成功，而不能坚忍不拔地付出，则必然距离成功越来越远。

17岁那年，贺希哈积累了人生的第一桶金，250美元。他拿着这些钱进入资本市场，在股票市场外面当散兵游勇的经纪人，才不到一年的时间，他的资金就翻了几十倍，他拥有了一万六千多美元。

贺希哈没有浪费这些钱，他精打细算，用一部分钱在长岛购买了房产，还为自己添置了一身品质很好的衣服。然而，在第一次世界大战休战期，贺希哈显然对于战争的局势考虑过于乐观了，为此他固执己见，居然为了贪图便宜而购买了一家钢铁公司。结果，贺希哈被骗得很惨，资产大幅缩水到只有四千美元。这次损失是惨重的，代价也是巨大的。不过，贺希哈也从中吸取了经验和教训，从此以后，他很少购买大减价的东西，尤其是在不了解内情的情况下。

后来，贺希哈开起了证券公司，每个月都能赚取几十万美元。1936年，哈希哈冒险接手了一家金矿开采公司，赚得盆满钵满。当然，贺希哈并非总是有这样的好运气，他也会遭遇失败，接受教训。但是每一次失败，都让贺希哈更加小心谨慎，也让他的生意经验更丰富。

贺希哈之所以有今日的成就，与他的敢于冒险、勇于牺牲的精神是密不可分的。任何时候，机遇都与风险并存，唯有敢于牺牲，勇于付出，人生才会有别样的收获。一个人如果为了避免危险而放弃一切的机会，也不愿意为了收获利益而承受风险，那么可想而知他们根本不可能获得成功。记住，成功与失败的机会永远是均等的，只有输得起的人，才能有机会赢。

人生路上，每个人都会得到很多千载难逢的好机会，也会因为人生的反复无常而面对惊喜和惊吓。无论如何，我们都不能在命运面前败下阵来，唯有不断地奋发向上，努力抓住机会拼搏，改变命运，人生才有可能赢。

承认错误，才能成就自己

趋利避害是人的本能之一，所以很多人都喜欢得到他人的赞美和认可，而不愿意被他人批评和否定。每当犯错误的时候，很少有人能够真正勇敢地承认错误，他们或者假装对自己的错误视而不见，或者即使承认错误也是被逼无奈。殊不知，要想踩着失败的阶梯不断向上，就要积极主动地承认错误，这样才能以反思的精神让人生进入崭新的境界，也才能不断提升和完善自己，最终成就自己。

如果说一个人必须有勇气才能当面指出他人的错误，那么一个人则需要更大的勇气才能当着他人的面承认自己的错误，主动地进行自我反思，不断地改进和提升自我。不可否认的是，人人都喜欢听到赞美的话，而对于批评则唯恐避之不及。所谓严于律己，宽以待人，发展到现代社会完全变成了更容易看到自己的优势和长处，承认自己具有过人的成就，而不愿意对他人的收获进行认可，更不想发自内心、真心诚意地赞赏他人。然而无数的事实告诉我们，一个人如果不能勇敢地承认自己的错误，就很容易在人生的道路上走弯路，总是与成功失之交臂。

艾滋病和癌症一样都是长期困扰人们的疾病和难题。一直以来，无数的科学家和医疗工作者，针对艾滋病展开研究，希望能够治愈艾滋病患者。作为美国的艾滋病专家，何大一先生曾经带领自己的团队发明了鸡尾酒疗法，并且成功地提高了艾滋病患者的生存率。

然而，2003年8月，何大一突然在美国《科学》杂志上撤回了自己的研究成果，并且昭告所有人，他曾经误以为发现的阿尔法抑制素只是来源于实验室常用的混合细胞，而并非来自于尚且没有发病的艾滋病病毒感染者的白血球细胞。这个声明一经发出，舆论一片哗然，很多人都对何大一冷嘲热讽，而且还因此波及何大一的其他研究成果。然而，在科学研究领域，科研人员却都对何大一的做法表示肯定和赞许。同样作为科研工作者的他们，很清楚作为科研专家撤回自己的研究成果是多么艰难和不容易，而正是对整个人类负责任的态度，才使他们不愿意继续以错误的研究成果误导人们。由此，何大一尽管失去了一项广受世人欢迎的科研成果，但是他高尚的品质，却让每个人竖起大拇指。

人非圣贤，孰能无过。在人生的道路上，每个人都是有血有肉也有七情六欲的人，每个人也都会犯各种各样的错误。如果缺乏自我反省的精神，没有勇气承认错误，那么就会导致错误的真相被掩饰，也会导致很多人都陷入错误的旋涡之中。所以不但作为一名科学工作者要本着严谨认真的态度主动反思自己，改正错误，把自己的错误昭告世人，即使作为普通的民众，在面对自己所犯下的错误时，也要鼓起勇气承认错误，想方设法改正错误。唯有如此，人生才会拥有更多的可能性，也才能拥有更广阔的天地大显身手。

和何大一的精神一样，亨氏企业也曾经因为发现用于产品的防腐剂具有微量毒性而主动向公众坦白。尽管少量食用不至于使人中毒，但是在大量长期食用的情况下，就会对人体产生危害。原本，亨氏可以选择偷偷地改变产品的配方，去掉防腐剂，但是由此又会影响产品的保鲜期。思来想去，亨氏企业的负责人还是决定把真相告诉公众。由此一来，亨氏的销量不但大幅度下降，而且还遭到了很多同行的恶意攻击，一度导致经营陷入困境，企业濒临倒闭。然而，在度过这段最艰难的日子后，亨氏却在消费者之中拥有了良好的口碑，也树立了信誉。消费者都心知肚明，如果一个企业想要故意蒙蔽事实，那么亨氏就无须主动坦白防腐剂对人体的伤害和毒性。而既然亨氏能够勇敢地承担责任，下架一切含有防腐剂的产品，那么亨氏最新生产的产品就是整个市场上最值得信赖的。就这样，亨氏凭着消费者的信任起死回生，很快就再次强大起来。人无信而不立，秦国时期，商鞅立木取信，就是为了保证新法的顺利实施和执行。所以即使作为普通人，我们也要拥有信用，而不要故意掩饰和包庇自己的错误，才能避免给自己和他人带来不可挽回的损失。

看淡成败，让人生云淡风轻

在人生之中，固然每个人都希望得到成功，而远离失败，但是命运却偏偏喜欢和人开玩笑，总是让人更多地与失败纠缠，而无法如愿以偿获得成功。为此，很多人郁郁寡欢，觉得人生因此失去希望，没有动力。实际上，成功并没有一个标准，这也就意味着成功对于每个人而言都具有不同的定义。例如有的人觉得岁月静好、现实安稳，就是最大的成功。而有的人却讨厌人生一成不变，他们最想要实现的就是拥有波澜壮阔的人生，希望人生总是能够表现出壮观和瑰丽。此外，因为每个人的人生目标和观念都不相同，所以对于对于成功的标准也是不同的，例如，有的人拥有足够的金钱维持生活的基本温饱就会觉得满足，而有的人却陷入贪婪的欲望之中，崇尚奢侈品消费，生活也极尽奢侈，这样一来他们对于金钱的追求也就更加迫切。总而言之，成功之于每个人都是完全不同的，每个人无需盲目模仿他人，或者奢望得到和他人一样的成功，而是要把成功和失败看得更淡一些，这样才能在人生之中天高地远，不管成功还是失败都能想得开，也不至于因此而给自己带来过大的压力，导致人生步入误区。

人生固然要追求走得更远，攀登到更高峰，然而，走多远、爬多高，并没有固定标准。人，最糟糕的就是这山望着那山高，反而无意之间就导致人生误入歧途。最重要的在于要脚踏实地，向着人生既定的目标奋进。这个目标是基于自身的实际情况制定的，也是根据人生发展的情况确立的。在确立人生目标的时候还需要注意，不要盲目羡慕他人，更不要把他人的人生成就作为自己的奋斗标准，否则就会迷失自我，最终很有可能一事无成。

大学毕业后，刘艳就进入这家公司工作。然而，当很多同时期进入公司的人都在努力辛苦工作时，刘艳却联系到一家待遇更好的公司，因而果断跳槽到那家公司了。看着曾经的同事还拿着微薄的薪水，刘艳很为自己得到了更高的薪水和回报而沾沾自喜。

然而，几年的时间过去，刘艳依然在不停地跳槽，每次都能让薪水增长百分之几。她原本自我感觉良好，觉得曾经的那些同事一定还在原地踏步呢。直到有一天，刘艳偶然遇到了大学毕业后第一家公司的同事，这才发现对方已经成为公司的副总，不但有房有车，而且成功入股公司，成为公司的股东之一。看到这一切，刘艳愤愤不平："这些人原本都不如我，要是有我在，还有他们什么事情啊！"然而，刘艳早就不在公司了，而且在同时期进入的诸多同事中，这位成为副总的同事是最脚踏实地，工作上也从来不计较回报的。

常言道，傻人有傻福，就是告诉人们很多情况下心思不要太活泛，否则就会因为频繁地变化而导致失去扎根的机会。以刘艳的能力，假如当初没有离开，发展得一定非常好。遗憾的是，她第一个就离开了公司，而且此后不管在哪家公司都是新人。仅从短期效益来看，刘艳的确得到了更高的报酬，然而从长远发展的目光来看，刘艳无疑是失败的。

刘艳是个心思很活络的人，不管做什么事情都会跑在前面，看起来赶了很多时髦，实际上却因为对人生缺乏长期有效的规划，而导致人生变得疲于奔波，最终毫无成就。这也是现代职场上，很多人的通病之一。尽管如今正处于信息时代，每个人也都会因为及时得到信息而掌握更多的机会，但是归根结底，一味地奔波只会使人生经不起折腾，唯有脚踏实地、老实本分地做好该做的事情，我们才能在职场上有长远的发展，也才能在人生之中变得更主动，更从容。

没有勇气失败，也彻底无缘成功

人生最可怕的是什么？有人说是没有好运气，因而总是与厄运结缘，有人说是没有结识贵人，所以导致不管做什么事情都陷入被动，连个可靠的帮手都没有，还有人说是没有好人缘，更没有人脉资源，因而注定了要单打独斗。实际上，这些都是人生中具体的难题，而对于人生来说，真正糟糕的在于缺乏勇气，从来不敢冒险，更不敢开始，由此导致人生与成功彻底无缘。

看到这里，很多人会为自己辩解：我之所以无所作为，就是为了避免失败。的确，一个什么都不做的人是不可能失败的，所谓多做多错，少做少错，不做不错，一个什么都不做的人当然无缘失败。换个角度而言，人生的目标是什么呢？仅仅是远离失败，还是要拼尽全力奔向成功？当然是后者。成功才是人生的终结目标，这样一来每个人都要知道，如果没有勇气失败，连成功的机会也都彻底失去了，因而这样的逃避是毫无意义的，非但不能让人生进入开阔的天地，反而会让人生的道路越走越窄，最终进入死胡同。

记住，一个人如果没有勇气失败，就会彻底与成功绝缘，这对于人生是亘古不变的真理。既然如此，每个人要想奔向成功，最重要的不是逃避失败，而是在每一次尝试中力所能及避免失败。如果能力不足，无法避免失败，那么就算真的失败了，也要从失败中汲取经验和教训，从而让人生不断成长，得以提升，进入到崭新的境界。

作为一名初三学生，小安的学习任务很重。小安的学习成绩在班级里始终名列前茅，而且她还很擅长写作。这不，当语文老师得知每个班都要派出一个学生代表班级参加学校的作文选拔赛，胜出的学生还将代表学校参加县里的作文比赛时，第一时间就想到了小安。

面对老师的器重，小安却避之不及。她再三推辞："老师，我不

第10章
走出曾经的阴影，失败了也要昂首挺胸

行，我不行，我怕给班级和您丢脸。"尽管老师再三强调小安是班级里最好的人选，并且说如果小安不能完成这个艰巨的任务，那么就没有其他人能肩负起这个任务，小安却依然不愿意承载老师的希望。老师实在无奈，只好联系小安妈妈，让妈妈给小安做通思想工作。回到家里，妈妈耐心询问小安不愿意参赛的缘由，这才知道小安只是害怕失败。妈妈语重心长地对小安说："小安，很多人考虑问题只想着好的一面，因而过分乐观，但是你却恰恰相反，你总是想到最坏的一面。这样固然能避免盲目自信和自高自大的弱点，但是也带来一个很大的麻烦，那就是你因为缺乏自信总是过度自卑，导致连正常的竞赛都不敢参加了。你只想到自己有可能会输掉比赛，为何不想着自己更有可能从比赛中胜出，为老师和班级争光呢！你想想，你的作文是班级里最好的，如果你不能代表班级参赛，就算班级输掉了，难道和你没有任何关系吗？"妈妈的一席话让小安陷入沉思，她很清楚自己逃无可逃，也想明白了最糟糕的后果，最终接受了老师的托付。

在作文比赛中，小安超常发挥，居然夺得了县里的二等奖。看着这么好的成绩，妈妈更是趁热打铁教育小安："小安，看看吧，挑战自我才能有所收获。否则如果你总是否定自己，为了避免失败而拒绝一切表现自己的机会，那么你就算再优秀，又有什么意义呢？"小安连连点头，对妈妈说："妈妈，感谢你和老师的辛苦与努力，如果没有你们说服我，我根本不可能得到今天的好成绩。"

一个人如果没有勇气面对失败，那么他在得到诸多好机会的时候就会不由分说躲得远远的，这样一来，哪里还有可能获得成功呢？细心的

人会发现,古往今来那些伟大的成功人士之所以获得成功,并非因为他们有特殊的天赋,也不是因为他们得到了命运的眷顾,而是因为他们不会因为失败的可能性否定自己,能够及时抓住成功的机会。

  人生之中,每个人既有可能成功,也有可能失败,一定要端正态度,从容接受成败的结果,才能最大限度打开人生的局面,让自己真正地拥抱成功。记住,失败只是暂时的,成功就在不远的将来,每个人唯有让自己更加积极主动地面对人生,不惧怕失败和成功,才能创造生命的辉煌和奇迹。

第11章

把悲痛藏在微笑下面,嘴角飞扬着度过每一天

与其哭着度过人生中的每一天,不如笑着度过人生中的每一天,因为不管哭着还是笑着,人生都在这样一天一天地过去。现实生活中,很多人都是典型的悲观主义者,他们始终记着人生的伤痛,而不愿意擦干泪继续在人生的大道上奋勇先前。所以当你的眼中有泪水时,你最该做的就是扬起嘴角,让笑容呈现在脸上。

每个人都要感恩美妙的生命

生命的形成是一个神奇的过程，一分一秒也不多，一分一秒也不少，就在那最好的时刻，于数万亿的精子之中，恰好那颗精子与卵子结合，于是成就了世界上千千万万、各不相同的人。每个人都应该感恩生命，都要珍惜生命，因为生命绝不是随随便便就形成和拥有的，每一个生命都经历了艰苦卓绝的奋斗，才能来到这世界上，亲眼看一看繁华似锦，感受轻柔的春风，体会人与人之间的争吵与相惜。

很多人觉得平平淡淡才是人生真味，实际上，平淡只是无奈的人被动选择的人生方式。如果让人主动去选择和决定，没有人愿意过千篇一律的生活，更不愿意让自己的人生一眼就看到了终结。

那么，如何才算珍惜生命呢？是在生命的无奈和仓促之中，绝不轻易改变，而就这样守护着生命，一直到老吗？还是像养老一样珍惜生命，绝不因为生命的美妙而在人生中做出不一样的举动？毋庸置疑，养老绝不是珍惜生命，只有不断地折腾，让生命在波澜壮阔之中透出勃勃生机，才真的是珍惜生命。众所周知，人生是非常短暂的，长不过百年，短暂的人生不知道何时就会终止。既然如此，就不要让人生的任何一天是虚度的。所谓生命不息，折腾不止，说的大概就是这个道理。

　　在国外，有一对夫妻的孩子出生的时候，五脏六腑全在腹腔外面，原来这个婴儿的腹腔是打开的，没有闭合。原本，医生断言这个孩子活不下来，但是小生命却始终在顽强地与厄运抗争，不仅勇敢地活下来了，还接二连三地接受了很多场手术，换了肝脏，又因为肺部感染经历过病危。如今，这个小生命活过了两年，还将继续勇敢地活下去。没有人知道他的生命何时戛然而止，但是有一点可以肯定，那就是不管小家伙的生活何时终止，他的人生都是短暂而又辉煌的。

　　很多人穷尽一生，从未与命运抗争过。他们是命运的顺民，总是逆来顺受接受命运的一切安排。然而，如果人生只剩下被动的接受，那么活着还有什么意思呢？有史以来，人类进入文明时期只有短暂的几千年时间，而地球的历史已经以百万年为计算单位了。所以如果以百年为地球最小的计算时间的单位，大部分人恐怕连百年都活不到。因而，人人都要珍惜生命，更要把生命尽情燃烧，才算不负青春好时兴。除了折腾之外，其他一切形式的"养老"，都是对生命的浪费。养老就是养生，就是把原本可以尽情挥洒的青春就这样默默无闻地度过了。一个没有激情也从未燃烧梦想的人生，显而易见是可怕的，也是没有任何存在意义的。

　　现实生活中，很多平淡一生的人都在继续追求人生岁月静好，反而是那些在生命中有着不寻常经历的人，在拼尽全力创造人生的辉煌。尤其是在现代职场上，很多年纪轻轻的大学毕业生一走出校门，就想给自己找一个养老的地方，不愿意接受有任何挑战性和压力的工作，只想安安稳稳度过最美好的青春年华。不得不说，一个人如果不能从容安然度过人生中最值得折腾的年纪，那么他的余生也就断不了要持续地折腾。有远见卓识的年轻人衡量一份工作的好坏，从来不以那份工作能否养活自己为标准，而是要看工作是否有前景，是否具有挑战性。

人生短暂，在每一天之中，每个人都要活出属于自己的精彩，要让每一天都充满新鲜感与活力，都与前一天截然不同。在人生之中，每个人都要勇敢地接受挑战，要知难而上去战胜人生的厄运和障碍。记住，人生最大的魅力不在于按部就班，也不在于一眼望到头，而是能够每天都体验不同的生活，都让人感到尽情尽兴。从现在开始，就珍惜生命吧，不要再以安稳和美好作为衡量人生的唯一标准，你的精彩你做主，你的人生也有更加广阔的可能性等着你去发现和实现！

生活也会触底反弹

很多炒股的朋友都会知道，当股票跌落到最低点的时候，就会跌停，在这种情况下无论再怎么着急也没有用，只能耐心等待股票触底反弹，未来会出现涨幅。人生也是如此，当人生陷入低谷，一味地抱怨和沮丧没有任何用处，最重要的在于保持内心的平静，等着生活触底反弹，这样人生才能柳暗花明又一村。

很多人都以为生活苦，因而四处宣扬生活的本质是苦涩。的确，觉得生活苦的人，已经从生活甜蜜的表象进入本质，但是他们却还没有领

第11章
把悲痛藏在微笑下面，嘴角飞扬着度过每一天

悟生活的真谛，那就是生活也并不真的苦。生活既不是纯粹的甜点，也不是不能入口的苦瓜，而是一锅大炖菜，里面有着各种各样的味道，酸甜苦辣咸，诠释着人生百般滋味的基调。

如果仅仅用一句话来概括生活，那简直太难了，即便是最高明的哲学家，也无法以寥寥数语参透生活的本质，对生活做出恰到好处的概括。又或者是在生活中饱经磨难的人，也无法对生活的本质做出准确到位的描述，实际上是因为生活是变化万千的，也因为生活的主角不断改变，所以命运也处于千变万化之中。

大学毕业后，雅丽就跟着大学时期的恋人回到了西北生活。原本，在浪漫爱情的调剂下，雅丽作为江南水乡的女孩并不觉得大西北的生活太苦涩难熬。然而，随着时间的流逝，爱情渐渐褪色，又因为一场突如其来的车祸，她一夜之间失去了人生的依靠，在命运的魔爪中变得不堪一击。

一个人辛苦地把儿子抚养长大，儿子也已经安家立业，雅丽突然发疯一般想要回到故乡。然而，与父母疏离了这么些年，感情渐渐淡薄，与兄弟姐妹之间也因为不经常往来，形同陌路。雅丽这才发现自己想要回到故乡，居然连落脚的地方都没有。等到父母去世，她和兄弟姐妹打起了官司，只想要回自己的立锥之地，让自己还有故乡可以回。儿子不理解母亲的做法，认为母亲理所当然应该跟随自己生活，给自己带养孩子。雅丽为此遭到儿子的误解，却不知道应该如何解释。就这样，雅丽的生活似乎一夜之间就坠落到谷底，她觉得人生无望，感觉到人生失去了一切可能性。为此，雅丽几次三番默默垂泪，甚至想到了轻生。

人过半百，思乡的情绪不断地酝酿和发酵，雅丽觉得未来似乎失去了希望。正是在这样的情况下，雅丽感到人生苦涩，因而对于生命也失去了信心。实际上，人生总会触底反弹的，雅丽要做的不是推翻自己这些年来的努力，而是认可和接纳自己的人生，从而才能以积极的心态面对人生，也才能彻底摆脱人生的困厄，让自己满怀信心和希望面对人生。

对于人生，不管是当事人还是旁观者，都不应该入戏太深。有人说人生如戏，有人说戏如人生，实际上不管人生以怎样的姿态呈现在世人面前，最重要的都是勇敢面对人生，悦纳自己，接纳自己。在亲密无间的关系里，每个人都要学会疏离，既疏离人生，也疏离自己与他人世界的关系。西方国家很多人都尤其讲究安全距离，其实每个人与他人之间、与外界之间都需要安全距离。

一旦陷入爱情之中，很多人就会彼此黏腻在一起，恨不得真的如同打碎了的两个泥人，你中有我，我中有你。殊不知，爱情的保鲜期是很短暂的，一旦爱情渐渐褪色，这样的亲密无间就会变成彼此的负担。恰到好处的爱情，是在对方需要的时候出现，在对方不需要的时候远离，这样的适时出现和适时消失，也许才能给对方和自己最好的空间。很多人都说自己在爱情之中患有亲密恐惧症，实际上他们只是非常明智，不愿意在最短的时间里透支所有的痴情爱意。

细心的人会发现，现实生活中，越是具有独立精神的人越不容易陷入与他人的纠缠之中，一开始他们也许给人留下冷漠的印象，而相处久了，才惊觉与他们相处会得到愉悦的感受和体验。当生活跌入谷底，这样的人也有足够的勇气面对糟糕的现状，绝不轻易改变自己对于生命的渴望和追求，也不会因为人生的困厄就放弃人生。面对人生，总要有耐心等待命运触底反弹，也要有勇气在人生的绝境之中崛起，彻底改变命运的局面，扭转命运的趋势。

人生之中，每个人都扮演着各种各样的角色，从未有任何一种角色是单一的，更没有任何一种角色是轻而易举就能做好的。尽管角色众多，为了避免引起家庭生活和社会生活的混乱，每个人都要更加理性地面对人生的角色，拎清楚各种角色之间的关系，从而才能让人生圆满谢幕。总而言之，每个人都是人生的导演，也是人生唯一的主演，当人生陷入困境，一定要勇敢积极地进行自我修复。常言道，留得青山在，不怕没柴烧，只要生命还在，还有什么是不能等待的呢？

心情好了，日子自然不会太差

现实生活中，总有些人愁眉苦脸，似乎命运还欠了他二百文钱没有还。而有的人呢，则每天都笑呵呵的，看起来心情大好，对人生也充满了希望。难道前者是因为遭遇厄运才总是情绪低落，而后者则是因为得到了命运的馈赠，所以才能始终积极乐观向上的吗？当然不是。如果你了解真相，你会发现前者得到了命运的偏爱，而后者反而在命运之中遭遇了重重磨难。之所以他们在人生中的表现截然不同，是因为他们的心态不同，由此导致他们的心情有着天壤之别。

得到命运偏爱的人如果不知道满足，总是对命运愁眉不展，那么时间久了，命运就会陷入恶性循环，导致他们的负面情绪招来了坏运气，让人生的厄运真的如同他们的哀愁一样泛滥。相反，后者因为对命运始终乐观积极，面带微笑。渐渐地，他们终究会感动命运，让人生拥有截然不同的发展和值得期许的未来。

常言道，心态决定命运，性格决定命运。实际上，心态和性格并不会直接决定命运，而是先影响了心情，才影响了人生呈现的姿态和面貌。从这个角度而言，一个人要想拥有好的人生，收获好运气，就一定要调整好心情。每天早晨起来，如果你对着镜子里熟悉的面孔愁眉不展，那么你一天的心情都会很糟糕。与此恰恰相反，即使你的心情真的很不好，但是如果你能对着镜子里熟悉的面孔强颜欢笑，那么你就会发现自己的心情渐渐变得好起来，原本棘手的事情也得以扭转，渐渐向着你所期望的方向发展。这就是心情的魔力，每个人都要重视对心情的调节，让自己时刻拥有好心情，才能在人生中厄运到来的时刻微笑以对。

人生之中的很多境遇，其实并不完全是命运的安排。人生中的很多呈现，都是每个人自主选择的结果，因而人实际上怨不得命运，每个人反而要感激命运给予自己最好的呈现。从心理学的角度而言，一个人要想不抱怨命运，就要拼尽全力掌握命运，也唯有真正成为人生的主宰，才会对人生无怨无悔。人，并不是因为命运顺遂如意才觉得心情舒畅，哪怕是遭到命运的打击，只要认可自己的选择，同样可以做到无怨无悔。由此可见，摆正心态，端正对人生的态度，才是最关键之处。

这个世界上，从未有人能够呼风唤雨，更不可能拥有一切。当一个

第11章
把悲痛藏在微笑下面，嘴角飞扬着度过每一天

人无法解释自己为何会失败时，往往会觉得无助，也就把所有的责任都推卸到命运身上。然而，仔细回头看看，你所走过的每一步都是你自己做出的选择，你的人生你做主，你还有什么可以抱怨的呢？同样是曲折人生，幸福的人无怨无悔，不幸的人满怀抱怨。记住，老天爷总是公平的，它给了每个人选择的机会。只是因为每个人的天赋不同，所以并不能完全看到自己在人生之中的选择。

人生总是骚动不安的，正如前文所说的，大多数人都不愿意人生安稳，都喜欢不停地折腾。似乎只有这样，人生才能充满勃勃生机和活力，每个人也才能证明自己真的活过。然而，在与人生翩然共舞的时候，我们也要记住，生活从来不会强迫任何人，而只会把选项列在每个人面前，让每个人自主地做出选择。

随着时间的流逝，生命终究会进入不同的阶段。每个人从呱呱坠地开始不断地成长，到最终肩负起人生中的各种角色。勇于突破的人以乐观和积极的心态，成功在人生之中突围，而那些固守人生的人，则在生命不停地流转中渐渐地迷失自我，时间带走了他们悸动的心，也让他们在人生之中没落，成为人生中的一颗朱砂痣。

每个人要想成为生命的主宰，都要首先了解人生，并且全身心投入人生，这样才能在人生之中有杰出的表现。在面对人生抉择时，也只有真正了解自己的人，才能理智做出取舍，面对人生始终无怨无悔。人生的赢家很少抱怨人生，哪怕遭遇命运的坎坷挫折，也始终带着波澜不惊的神情坦然从容地迎接命运的安排。这是因为他们知道自己的选择，也明确选择将会如何改变他们的人生，所以他们能够未雨绸缪，先了解

人生和命运，再去接受。与他们恰恰相反，很多人在人生之中都是非常被动的，因为不了解人生，更对自己感到陌生，所以他们不管对于人生做什么，都感到内心不安，更无法做到淡然从容。必须清楚认识的一点是，一个人不管怎么努力，都不可能在人生之中做到面面俱到。既然如此，就不要奢望让人生了无遗憾，就连最上等的美玉也会有瑕疵，更何况是一地鸡毛的人生和琐碎的生活呢？唯有接受人生的不完美，悦纳有缺点的自己，人才能摆正心态，绝不因为人生的疏离而导致生命仓促。在人生之中，每个人都要学会与自己相处，也要学会爱自己，才能坦然接受命运。记住，不管是苦痛还是幸福，一切都是命运最好的安排。

带着恐惧的勇气，才是你该有的人生态度

面对人生，尤其是当面对很多难以做出抉择的艰难时刻时，很多人都会觉得举棋不定，他们总是患得患失，既拿不准自己要做出怎样的选择，也不确定自己的选择将会带来怎样的结果。就在迟疑不决中，他们最终与成功的决断失之交臂，甚至完全错失选择的机会，得到的只有懊悔不已和追悔莫及。

其实，对于所有的选择，人们都会有一个简单粗暴的结果，那就是或者因为恐惧而彻底放弃，或者带着恐惧的勇气前行，从而在人生中迎来与众不同的际遇。人有很多本能，恐惧是其中之一，而在更多的人心里，还是能鼓起勇气，带着恐惧前行，那是理智战胜了感情，也是人对

于生命向上的力量，战胜了后挫力。

有些人是有天赋和本能的，他们天生具有强大的能力，那就是即使内心恐惧，也能依然表现出勇敢和坚决。当把人生一切的抉择都归结于恐惧或者勇敢，很多看起来非常复杂的选择都变得简单明了，因为你只需要决定是选择勇气，还是选择恐惧和怯懦。

对于勇气，很多人都有误解，总觉得只有取得顺遂如意的结果，才是真正的勇气。实际上，真正的勇气是带着恐惧前行，是哪怕知道自己有可能会遭遇失败，也依然坚定不移，勇往直前。所谓的初生牛犊不怕虎不是真的勇敢，而是明知山有虎偏向虎山行，才是真正的勇敢。恐惧并不能抵消勇敢，真正勇敢的人，面对自己能力所不及的事情或者对于人生的很多渴望，都会采取知难而上的态度。当一个人真的选择了勇气，也并不意味着他绝不恐惧。而是选择，让他真正掌握了命运的主宰权和主动权，从而积极主动寻求改变，因而能够切实有效改变生活，也真正让自己踏上人生的征程。

高考填报志愿的时候，小薇最大的心愿是成为记者，这样就可以每天听人讲述生活中琐碎的故事，也可以四处采访那些普通人或者名人，与人之间进行深入的沟通与交流。然而，因为父母的坚决反对，小薇无奈之下只好顺从父母的意愿，报考了医学专业。

自从大学开学，小薇每天都要面对着陌生的医学术语，尤其是随着学业的进展，还不得不面对血腥的画面，简直觉得要崩溃。已经大二的她一想起自己一生之中都要与病患打交道，心情就灰暗到了极点。她很后悔自己当初没有坚持理想，报考喜欢的专业，更没有进入心仪的大学。痛定思痛，小薇在意识到转系已经成为不可能之后，想到了最决绝的方式，那就是退学，让自己重新来过。得知小薇的想法，父母又是一番反对，不停地告诉小薇记者的工作不像她想得那么浪漫，更不像她所期待的那样自由。为了让小薇真正认识到记者工作的残酷，父母甚至还为小薇联系了报社，让小薇利用暑假的时间去学习，从而彻底打消小薇的念头。然而，小薇并没有因为两个月的实习就害怕当记者，相反，越是认识到现实的残酷，她越是对记者工作充满渴望和憧憬。

在很长的一段时间内，大家都以为小薇偃旗息鼓了。直到她已经在学校办理完退学手续，她才给自己最亲密无间的表姐发了一条信息："表姐，我有点害怕。"在针对行业与父母进行的旷日持久的这场博弈中，小薇这是第一次表现出恐惧，表姐才惊觉原来小薇并非什么都没有想过。相反，她一定有无数个失眠的夜晚，把父母提醒她的每一个问题和可能面对的困境都翻来覆去地想过，才万般艰难做出这样的选择。未来的人生之路，完全把握在小薇自己手中，父母在这场博弈中彻底败下阵来之后，再也不愿意干涉和左右小薇的选择。就这样，小薇带着恐惧前行，一切重头开始，她宁愿再次经历黑色的高考六月，也不愿意完成人人都羡慕的医学院学习，从事人人都尊重的职业。

一个心怀恐惧的人，对生活必然有着敬畏的态度，他们不会因为无知而不懂得畏惧生活，也不会因为盲目自大而对生活趾高气昂。他们很清楚自己有弱点，也不确定自己在未来的人生道路上会有怎样的表现，但是他们无数次地问过自己的心，知道人生的方向，也确定自己想要得到怎样的人生。带着恐惧前行，让他们变得非常强大，他们的内心充满了勇气，也拼尽全力想让恐惧无处遁形。正是这样决绝的人生态度，让勇敢者能够把握和掌控人生，也拥有了与命运谈判的资格和权利。

人生在世，没有人知道自己未来的命运将会如何，就连命运之神也不能打包票的事情，作为普通人，如何能够一切尽在把握中呢！然而有一点是可以肯定的，那就是当你的人生是由他人做主安排的，面对诸多不如意，你一定会怨声载道，也会抱怨自己为何当初不争取主宰人生的权利。而当你真正自己做出选择，哪怕命运的发展超出你的预期，或者让你无暇面对和应付，你也同样会无怨无悔，因为一切都是你的选择，你理所应当为这一切负责。

现实生活中，人人都有无数个理由要向生活妥协，而唯独一个理由，就足以支撑着人们面对生活做出坚决果断的选择。那就是遵从自己的内心，任何时候都不放弃自己掌控人生的权利和机会。当无数人背负起沉重的梦想远走他乡时，我们要始终牢记心的指引，从而确立人生的方向。

波澜不惊，才是真淡定

在人生之中，每个人都难免会遇到失意的时候，不管是生活中的，还是事业上的，抑或是人际交往的困惑，又或者是感情上的挫折，都会让人备受打击，转瞬之间就对人生从意气风发，转化为蔫头耷脑。实际上，这是人生的常态，完全无须惊慌失措，只有坦然面对人生的坎坷和挫折，真正做到波澜不惊，才能始终怀着坦然的心境，做到真正的淡定。

现实生活中，有很多伪装淡定的人，他们在顺遂如意的时候能做到喜怒不形于色，而一旦遭遇人生的厄运，马上就会惊慌失措，甚至因为失去了些什么就歇斯底里。人生之中，有谁能一帆风顺，顺遂如意呢？最重要的在于，人生必须坚定不移，才能超越困境，也才能在各种境遇中真正做到波澜不惊。

很多人一旦在生命之中受到打击，就情不自禁想要得到他人的安慰。殊不知，这个世界上，每个人的救世主都是自己，哪怕别人的安慰很有效果，也只有自己才是能够拯救自己的人。别人救得了你一时一事，难道能救得了你一生一世吗？哪怕深爱我们的父母，也不可能永远陪伴在我们身边。所以，归根结底我们要独自面对人生，要主动消除心中的负面情绪，最大限度地整理人生的思绪，让人生更从容坦荡。

有个男孩出生在农民家庭，因为家里贫穷，他只读到小学三年级就辍学了，在家帮助父亲一起种地。然而，没过几年，父亲因为身患重病而去世，这样一来，赡养家庭的责任就完全落在他的肩膀上。小小年纪的他，看着同龄人高高兴兴地上学，自己却只能咬紧牙关面对一切。

他的母亲身体不好，常年病恹恹的，只能做一些家里的轻省活计。他的奶奶很多年前就瘫痪在床，完全需要依靠他人的照顾才能生存。最终，他和母亲进行了合理的分工，母亲负责在家里做家务，照顾奶奶，而他则辛苦地种地，每天天不亮就下地干活，直到太阳落山才拖着疲惫的身体回到家里。即便如此，他也无法让母亲和奶奶都过上好生活。改

第11章
把悲痛藏在微笑下面，嘴角飞扬着度过每一天

革开放不久，思想活络的他分得了一块土地，当即就雇人把土地挖掘成池塘。原来，他觉得种地回报太少，所以他想养鱼。然而，村干部制止了他，并且告诉他水田只能种庄稼，不能挪作他用。无奈之下，他只好又雇人把池塘填满土，再次变成水田。这件事情使他成为全村人的笑柄，大家都说他想钱想疯了，所以才会做出这样不长脑子的荒唐事。他不以为然：很多事情，如果不试试，怎么能知道结果呢？

后来，他听说养鸡挣钱，又从亲戚朋友那里借了几千元开办了养鸡场，然而因为不懂得养鸡的技巧和门道，他的鸡在出笼前得了瘟疫，全都死光了。他由此赔得一干二净，连从亲戚那里借来的本钱都搭进去了。后来，他还干过各种各样的工作，可惜都以失败而告终。原本就穷的家更是每况愈下，连妈妈都感到绝望，劝说他不要再折腾了，就老老实实种地，说不定还能娶到一个寡妇女人呢。已经36岁的男孩丝毫没有气馁，即使命运对他多么残酷，他也从来不曾抱怨。他就这样默默地与命运抗争，绝不屈服。

最终，这个男孩在人生跌落到低谷，已经完全跌停的时候，终于走出了困境，靠着努力和勤奋挖掘到人生的第一桶金，成为一家公司的老总。当记者采访他的时候，问起他是如何熬过艰难的岁月才获得成功的。他举起手中的水杯问记者："如果我松手，水杯将会如何？"记者毫不迟疑地回答："一定会摔碎。"他笑了，说："既然如此，我为何要松手呢？我唯一的选择，就是牢牢抓住它，绝对不松手。"

面对人生中接踵而来的困境，男孩选择了坚持，既然没有其他的选择，他只能以不放弃表示自己的决心和毅力。然而，命运对他实在是太

残酷了，所以导致他总是被捉弄，不管做什么事情都不能获得成功。即便如此，男孩也从不抱怨命运，而是无怨无悔地承担起这一切。对于男孩的表现，命运显然很满意，所以才会给予男孩成功的机会，让他彻底改变命运，主宰人生。

大多数人都觉得成功者一定是因为得到了命运的青睐，所以才能始终成功。实际上，成功者非但没有得到命运的偏爱，还遭受到命运更多的折磨。是因为他们有着真淡然的心境，面对命运的一切磨难都波澜不惊，所以最终才能在与命运的博弈中获胜，在人生中赢得丰厚的回报。

第12章

别只看到眼前的风雨，也想想天晴后的彩虹

人生不会永远都处于困厄之中，只要熬过去，人生就能雨过天晴，出现绚烂多彩的彩虹。所以每个人面对人生的困境，先不要急于放弃，而要相信困厄不会是人生的常态，终究会成为人生的过往。当因为人生暂时的风雨而焦灼不安时，不如想想雨过天晴后的晴空万里，想想那五彩斑斓的彩虹，心中的郁闷就会马上消散，人生也会进入更广阔的空间。

真正的聪明人,不怕悲惨的人生

面对生活的坎坷磨难,很多人都非常担心,因为他们害怕自己的人生呈现出悲惨的状态,因此总是喜欢逞口舌之强,把生活说得花团锦簇,似乎人人都没有他们过得好。其实,这种吹嘘出来的、光鲜亮丽的生活并不能维持很久,不管早晚,生活的本相总会被揭穿。与其浪费宝贵的时间和精力来与他人攀比,维持自己可怜的虚荣心,不如投入更多的心血经营好自己的人生,这样至少能让人生有所改变。

在人际交往中,很多人都会讨厌某些人,是因为这些人尤其喜欢逞强,特别是逞口舌之强。众所周知,情商低的人很容易招人讨厌,因为他们不管说什么话都从来不经过大脑,而且还总是故意吹嘘。如果遇到有同样心理的人,也害怕自己过得比别人惨,那么原本好好的一场朋友聚会就会变成吹嘘大会,导致相互吹嘘的两个人彼此厌弃。当然,这些喜欢吹嘘、情商极低的人,也有可能会遇到宽容大度的人,不会计较他们的小肚鸡肠和刻意表现,对他们的话一笑置之,而不失和谐融洽。

实际上,真正的聪明人从来不怕悲惨的人生,因为他们有足够的信心改变人生,而且他们也不需要故意吹嘘来为自己提升精气神。这恰恰是高情商的表现，甚至他们会故意说自己过得比较差，再真心诚意为他人的成功喝彩，赢得他人的真心，与他人更和谐地相处。在这样的自我贬低之中，他们无形中就与他人建立了良好的人际关系，也能够与他人形成积极友好的互动。不得不说，这些高情商者能够玩转人际关系并非是运气好，而是的确深谙他人的心理，所以才能有的放矢，把每句话都恰到好处地说到他人的心里去。

作为人生赢家，老刘无疑是值得每一位同学羡慕的。毕业十几年，他不但有了幸福美满的家庭、温柔可人的妻子和一双可爱的儿女，在事业上也发展顺利，自从以小职员进入公司之后就平步青云，如今已经成为公司的高层管理者，拿着年薪，每年享受带薪年假，还时不常地带着全家人去国外旅游。不仅财务自由而且时间也自由的老刘，如果低调倒也还好，偏偏他每次同学聚会都必然拖家带口参加，炫耀尽了幸福。

不过，老刘还有一个显而易见的优点，就是他从不炫富，尤其是不在同学们面前炫富。每当同学们当面夸赞他是人生赢家的时候，他总是谦虚地说自己只不过是个高级打工仔而已。不过，对于自己的妻子，老刘却是不吝啬赞美，这大概是因为他真的很爱家人，也因为大多数同学都已经成家立业，所以不会对他心生嫉妒吧。

老刘搞好人际关系的秘诀就是把自己说得惨一些再惨一些，从而以贬低自己的方式抬高他人，真心诚意表现出对他人的认可和赞许。正是在这样的策略之下，老刘的人缘越来越好，从公司的高管和老板，到身边的朋友，都对老刘赞不绝口。渐渐地，老刘也就成为一个手眼通天的人物，走到哪里都受人欢迎。拥有这样的好人缘，可想而知老刘的事业也发展得更顺利，生活和工作都水涨船高，变得越来越好。

　　只有内心空虚的人，才需要依靠吹牛皮来为自己支撑面子。真正有实力的人，从来不怕把自己说得惨一些，因为他们很清楚，唯有把自己说得更惨，让他人拥有优越感，才能打开他人的心扉，也才能更好地与他人相处。对于真正的明智者而言，口舌之争并不代表什么，即使把自己说得再惨，生活也绝不会因为简简单单几句话就真正发生改变。内心的富足使他们对于人生拥有十足的把握，他们安然享受自己的幸福和成功，完全不需要用贬低别人的方式来抬高自己。与这样高情商的人聊天，自然是一种享受，非但没有任何压力，还让人忍不住想要说出掏心窝子的话来。

　　看到这里，也许有些人会觉得只有心理阴暗的人才会愿意别人过得比自己惨。实际上，这并非是心理阴暗，而只是人的心理本能导致的。面对一个过得不太好的人，他们的当务之急就是自救，就是自己给自己鼓劲，而根本没有闲情逸致去赞美别人。所以当我们明明过得比别人好，又为何要在别人心灵的伤口上撒盐呢？退一万步而言，即使你真的过得不好，难道掩饰就能让你的生活发生切实的改变吗？当然不能。一个人过得不好，并不能代表什么，但是一个人如果不能正视自己的生活，则恰恰意味着他内心的软弱无力。如果你想成为人生的强者，而不想成为人生的弱者，不管生活到底是怎样的状态，都要坦然承认自己过得好不好，这样才能处理好人际关系，得到他人的真心相待。

不到最后一刻，谁能定成败呢

人人都渴望获得成功，都拼尽全力追求成功，这似乎是每个人的本能。然而，命运之神从不慷慨，它不会让每个人都如愿以偿获得成功，更不会让每个人面对人生的困境都能轻易摆脱。命运总是要给予渴望成功的人足够的考验，才会变得更大方一些，让他们最终品尝到成功的滋味。所以人人对于成功，都要像好莱坞大片中的硬汉战胜困难一样，不到最后一刻绝不放弃，在坚持的过程中更是要拼尽全力，才能赢得命运的善待。

俗话说，笑到最后的人，才是笑得最好的人。面对命运的百般刁难，一个人唯有坚持不懈，绝不放弃，才能在与命运的博弈中占据优势。一个人如果遇到命运小小的挫折和坎坷时总是轻而易举就缴械投降，又如何能给予人生圆满的交代呢？人们常说，真金不怕火炼，这实际上也正是告诉我们每个人唯有坚持到最后一刻，才能证明自己的实力。归根结底，世界上没有免费的午餐，更没有掉馅饼的好事情，尤其没有一蹴而就的成功。在通往成功的道路上，人人都要拼尽全力，才能证明自己的实力和能力，也唯有用能力为自己代言，才能让自己赢得他人的肯定与认可，从而创造生命的辉煌与奇迹。

很多发明家都是有天赋的人物，小小年纪就在某些方面表现出天赋异禀，而固特异与大多数发明家截然不同。他属于大器晚成的类型，直到不惑之年，他都没有研究出任何成果，这未免让人感到失望和着急。

实际上，在20岁之前，固特异的心思根本不在发明上，也从未想过自己有朝一日会成为商人。他最大的理想是当一名传教士，然而后来因为家境贫困，他不得不早早地挣钱养家，也就距离最初的梦想越来越远了。当父亲因为对五金店经营不善而欠下巨额债务之后，固特异的心中感到万分沉重。他一生都无法忘记债主们逃债时的丑陋嘴脸，尤其是那个叫柯斯瓦的商人，更是让固特异印象深刻，终生难忘。

当时，固特异才25岁，因为从小家里贫穷，生活水平低下，所以固特异并不强壮。为了保护病重的父亲，固特异阻止柯斯瓦闯入房子里，为此被柯斯瓦打倒在地。柯斯瓦狠狠揍了固特异一顿，还让固特异在地上爬行，这使固特异感到耻辱。为了避免再次经商失败，固特异想到从事发明创造是可以赚钱的好事，而且还没有赔本的风险。一个偶然的机会，固特异接触到橡胶制品，从此之后便开始专心研究橡胶制品。在此后的20年时间里，固特异一直在对橡胶展开研究，为美国的橡胶工业奠定了坚实的基础。尽管研究工作不需要大量的金钱，但是也依然需要一定的经济支撑。为了寻求帮助，固特异来到纽约，最终在朋友的帮助下成立了工作室。有了适宜的条件，固特异每天都废寝忘食地进行研究，他很清楚已经年近四十的自己没有更多的时间可以挥霍。最终，固特异连基本的生活需要都无法保证，饿得想要吃橡胶。即便如此，固特异最初的研究还是失败了。

然而，一切都不能打倒固特异。走投无路的固特异只好去朋友的五金店里当伙计，挣到钱之后又再次展开实验。最终，44岁的固特异大获成功，他研究出来的橡胶生产技术为他赚取了30万美元的专利费用。

如果没有坚持到最后，而在科学研究面对重重困难的时候就放弃了，固特异怎么可能获得成功呢？命运从来不青睐轻易放弃的人，但是对于那些拥有顽强的毅力、始终坚忍不拔的人，命运却很愿意善待他们。对于固特异而言，他的发明之路开始得很晚，所以他才会争分夺秒，绝不愿意浪费宝贵的人生，正是这样的紧迫感，让固特异大器晚成，一举成名。

人生就像是一场实验，也像是一场发明创造的研究。唯有坚持到最后，在一次又一次的失败中崛起，人生才能经过试金石的考验，证明自己的价值和意义所在。每个人并非从一出生就是天才，是坚持的毅力，让人生有了突破和进展。伟大的发明大王爱迪生给整个世界的人都带来了光明，然而鲜有人知道的是，为了发明电灯，爱迪生尝试了一千多种材料，进行了七千多次实验，才找到合适的材料作为灯丝使用。在一次实验失败之后，连助理都感到绝望了，爱迪生却说："没关系，这次实验失败，我们至少知道这种材料是不适合作为灯丝使用的。"就这样，爱迪生凭着坚忍不拔、决不放弃的精神，给整个世界都带来了光明。不得说，爱迪生的科学精神值得每个人学习，爱迪生对于科学研究的钻研态度，更是值得赞许。

自我拯救的人，都是意念坚强的人

人生顺遂如意的时候，并不需要信念作为支撑。而当人生陷入困境，近乎绝望时，信念就能发挥巨大的力量，帮助人渡过难关，战胜看似不可超越的人生绝境。自古以来，大多数能够自我拯救的人，无一不是意念坚强的人，不管面对怎样的绝境，他们从未想过要放弃，而只是拼尽全力地勇往直前。只有真正去做，人生的绝境才能被打破，人生也才会在绝境之中崛起，成为真正的力量象征。

在天灾人祸之中，很多人都是凭着坚强的意念，才完成了创造生命奇迹的壮举。例如在汶川大地震中，有的老师逃跑了，有的老师不顾个人安危，争分夺秒把孩子们送出教室，到达安全地带。还有一个老师，当意识到危险不可避免的时候，把几个孩子藏在讲台下面的空间，而自己则用血肉之躯的脊梁为孩子们支撑起生的希望。即使生命已经悄然走远，老师的脊梁却始终坚挺，这让我们有理由相信，坚强的意念能够超越生死，创造生命的奇迹。在一场海难之中，即将被水淹没的母亲支撑起坚强的双臂，把孩子高高地举起。直到沉船有一天重见天日，伟大母亲的姿态也没有丝毫改变，这是生命的本能力量，也彰显出母爱的伟大。

生命的力量不仅仅表现在对亲人和爱人上，拥有坚强意念的人，在人生之中面对艰难的处境时，同样能够勇敢自救，而且不到最后的关键时刻，绝不轻易放弃。在西方国家，曾经有人在海上漂泊一百多天，却能勇敢地生存下来，就是与家人团聚的意念在支撑着他们，让他们绝不放弃。很多已经昏迷很久的植物人，在一定的外界刺激下也会苏醒，同样是信念在起作用。

有人说爱能创造奇迹，实际上，意念的作用比爱更强大。在一部电

第12章

别只看到眼前的风雨，也想想天晴后的彩虹

影中，一个男孩去大峡谷中游玩，不小心掉入峡谷的裂缝之中，又被掉落的石块死死地卡住一只胳膊。刚开始时，他还不以为然，觉得自己可以呼救，然而随着时间的流逝，他渐渐意识到没有人会发现他失踪了，所以不会有人来找他。而又因为没有人会经过他掉落的地方，导致他再怎么呼救也不会被发现。他随身带着的水很快就要喝光了，其间，他不仅遭遇了暴雨如注，还遭遇了其他很多恶劣的情况。最终，绝望的他想出了一个自救的办法，那就是截断自己的胳膊，从而逃离出去。经过一段时间之后，他的胳膊已经坏死，但是他必须从有感觉的地方开始截断。他既没有锋利的刀，也没有锋利的锯子。他尝试了好几次，都因为太疼痛了，而不得不终止这个疯狂的举动。但是他感觉到生命正在从身体里悄然溜走，最终他被逼无奈，只能忍受着巨大的痛苦，先挑断自己的筋脉，然后再用迟钝的刀子割断肌肉，最后再砸断骨头。让人难以置信的是，他真的逃离出了峡谷，在有人经过的地方求救。当人们发现他的时候，简直觉得他是魔鬼离开了地狱。在得知他的经历后，人们马上拨打救援电话。就这样，男孩活下来了，是坚强不屈的意念延续了他的生命，让他在鬼门关兜兜转转，最终回到了美好的人世间。

　　人这一生，也许会过得顺遂如意，也许会经历很多难以想象的磨难和意外。要想让人生充实而又精彩，最重要的就在于调整好心态，拥有坚强不屈的毅力。细心的人会发现，大多数人在面临绝境的时候，也许会得到外界的救援，也许不会。然而归根结底，他们唯一能真正依靠的人只有自己。如果轻而易举就放弃了，或者对生命懈怠，又如何能够死里逃生，浴火重生呢！

凡事皆有两面性，要一分为二看待

辩证唯物主义的观点告诉我们，对于人生中的很多事情都要一分为二地看待，因为每件事情既有好处，也有坏处，不可能是绝对好或者绝对坏的。就算是人人都抗拒的灾难，也会有对人有利的一面。当然，要想擦亮眼睛，真正认清楚每件事情的好处和坏处，是需要努力学习，让自己的思想变得有深度。否则，假如一个人总是墨守成规，不愿意以发展的眼光看待随时处于发展和变化中的问题，就会导致思想受到禁锢，无法冲破思想的藩篱。

现代社会正处于飞速发展之中，似乎连地球和大自然的活动都越来越频繁和密集了。近些年来，不是这里发生地震了，就是那里发生海啸了，各种大规模的疫情也频繁出现，搞得整个世界都人心惶惶。不可否认的是，我们生活在一个灾难频繁发生的年代，每个人要想更好地生存下去，就要学会以与时俱进的眼光审视这一场场灾难，从而才能保持平静的心情，也才能理智地拨开黑暗，看到黑暗之后隐藏着的光明。

必须承认，在伟大的大自然面前，人的力量还是非常渺小的。很多人藐视大自然的威力，觉得自己是万物的灵长，因而在大自然面前趾高气昂，从未有敬畏之心。很快他们就受到了惩罚，面对天灾人祸，他们充分感受到自身的渺小无力，也不敢奢望完全征服和驾驭大自然。即便如此，大自然依然不愿意善罢甘休，面对缺乏自知之明的人们，大自然频繁地发威，告诫人们它才是整个宇宙的主宰。面对大自然的持续发威和勇猛力量，人的一切努力都在转眼之间化为泡影。曾经人们引以自豪的高楼大厦，一旦发生地震瞬间就会坍塌，甚至被大地的嘴巴完全吞没；人们驾驶着航海的工具在海面上畅游，在海底探索，却因为海啸而瞬间消失得无影无踪；就连看似没有遮挡和障碍的天空中也有黑洞的存在，导致经过黑洞的一切飞行工具瞬间消失，再也找不到任何痕迹。自然就是这么任性，如果人类缺乏对于自然的敬畏之心，就会受到自然的惩罚，在自然的强大威力面前彻底败下阵来，缴械投降。

不仅天灾让人感到心力交瘁，人祸也因为自然的肆意推动而横行。前些年，因为南方人吃了果子狸，导致非典肆意蔓延，全世界都为此而胆战心惊。还有各种各样的病毒，面对人们绞尽脑汁研究出的对抗病毒的药品，大自然也命令病毒快速变异，从而给人造成新的难题。这一切的一切，只是大自然对不知天高地厚的人的警示。如果人类不知道收敛，继续对着大自然和大地母亲做出非分的举动，那么自然必然会更加严厉地惩罚人们。所以每个人都要对大自然怀有敬畏之心，当大自然发怒的时候，不要一味地抱怨，而要努力认识到灾难带来的警示，从而反思自己的举动，给予大自然更好的保护。

在给整个人类带来危难的同时，大自然也唤醒了人类社会的良知。大灾面前必有大爱，面对大自然的举动，人类也表现出万众一心、众志成城的决心和坚忍不拔的毅力。尤其是当遭遇大范围的灾难，不但整个民族、整个国家的人团结起来，就连全世界范围内的人都主动自发地消除了界限，团结一心对抗灾难。在灾难面前，人们不再因为所谓的地位、身份而与他人疏离，更不因为种族和肤色而排斥任何人。即使信仰不同，每个人也都怀着对生命的尊重，努力团结身边的每一个人。这是因为人人都认识到大自然的威力，也知道人类的渺小，再也不盲目地自高自大。

在接到自然的警示之后，人的智慧也会得到激发。为了消除灾难带来的负面影响，尽快恢复正常的生活和生产秩序，人们更加紧密地团结在一起，更产生了忧患意识，主动自发地走出地球，探索宇宙，从而开拓人类的第二个家园。

总而言之，任何事情都有两面性，既有好的一面，也有坏的一面。即使是灾难，在伤害人们的同时，也会对人们的生活产生极大的激励作用，更引起人们深刻的反思，教会人们如何更好地与大自然和大地母亲相处。每个人都要擦亮眼睛，要拥有澄澈明净的心灵，才能在自然之中受益更多。

耐得住寂寞，人生才能有所收获

每一个能够成就伟大事业的人，在创业初期，都要经历难熬的孤独，都会倍感辛苦。正因为能耐得住寂寞，他们才能始终不忘初心，坚持梦想，最终获得成功。古今中外，不管是居里夫人发现镭元素，还是陈景润在哥德巴赫猜想中成就伟大，都是他们耐得住寂寞，认认真真、脚踏实地做学问的结果。他们在反反复复的追问和探求中，不断地接近科学真相，认真把握每一个机会，最终才能提升和完善自己，让自己获得成功。哪怕是遭受质疑，或者受到他人的无端猜忌，他们也从不后悔和畏缩，而是坚定不移地在通往成功的道路上前行。

作为普通人，我们未必会有伟大科学家的成就，但是只要脚踏实地，耐得住寂寞，用心坚持做好每一件事情，就能有所收获，成功地改变人生。近些年来，每到一年结束的时候，中央电视台都会评选感动中国的人物。实际上，那么多感动中国的人物中，并非每个人都是大人物，反而有很多人都是小人物。正是因为不断地坚持，从不放弃，他们才能甘于寂寞，也才能耐得住寂寞，最终让人生有所成就。

四川凉山彝族自治区的王顺友，只是一个普通的邮递员。然而，2007年，他当选全国道德模范，还成为全国劳动模范。这么多年来，他并没有做出什么惊天动地的大事，而是始终坚持从事乡村邮件的投递工作。和很多高大上的工作相比，他的工作无疑是普通而又默默无闻的，与此同时，他的工作也是寂寞的。他始终是一个人和一匹马，驮着沉重的邮包在乡村道路上往返。为了保证大山里的村民能够及时收到邮件，他每个月都会进行两次投递工作，每次往返360千米路。每一次投递邮件，他都需要历时半个月，因为崎岖的山路很难行走，而且还要兼顾到路程中的每一个村落。就这样，在22年的时间里，他运送邮件的总路程高达26万公里。仅仅听到这个数字，也许很多人并没有特别的感触，如果说王顺友绕着地球走了整整六圈，或者进行了21次两万五千里的长征，相信很多人都会感到非常震惊。要知道，王顺友工作过程中除了一匹马和沉重的邮包之外，没有任何陪伴。

王顺友所走的是马班邮路，道路情况很恶劣，道路两旁都是崇山峻岭，有的时候，他在短暂的一天时间里就要走过好几个气候带。在半个月一次的投递过程中，他经常需要露宿野兽出没的荒郊野外，难免受到野兽的攻击，或者在行程中受到意外伤害。在一年365天中，王顺友至少有330天都是在路上度过的，而这路上远离现代文明，盘旋在深山老林之中。即便如此，王顺友从未要求组织为他调动工作，更没有要求组织提供便利，让他照顾体弱多病的妻子和一对年纪尚小的孩子。每当一个人孤独地行走在深山里的崎岖道路上，王顺友会经常给自己唱歌。不管气候条件多么恶劣，他都能准时把邮件送到老乡们的手中，发挥工作的便利，他还经常向老乡们传递信息，或者为老乡们代购很多深山里不容易买到的稀缺物资。正是在这样恶劣的环境和条件下，王顺友的准确投递率高达100%，可以说他在平凡的工作岗位上，做出了不平凡的事迹。

王顺友之所以能够获得成功，感动中国，就是因为他能够在20多年的时间里耐得住寂寞，战胜了各种艰苦的条件和未可知的困难。和王顺友相比，现代社会有太多人都陷入浮躁的心态之中，根本无法控制自己，更不可能掌控人生。他们连一分一秒的寂寞都不能忍受，总是怀着一颗功利之心，追求成功，也时常这山望着那山高，总是改变自己，奔向利益和成功。其实，人的心思如果过于活泛，总是追求不可知的成功，那么他们就会渐渐地迷失自己，不但耐不住寂寞，甚至连人生的方向都失去了。

对于真正的人生强者而言，寂寞不是难以忍受的，而是一种成功路上的修行。滴水石穿，绳锯木断，正是凭着耐得住寂寞的精神，才能把微弱的力量不断地积累起来，最终创造奇迹。每一位有着伟大志向和远大理想的人，都应该摆脱名利的束缚，让浮躁的心渐渐归于平静，这样他们的思想才能在天空中自由自在地翱翔,如同雄鹰一样到达九天云霄,创造人生的奇迹,也为整个世界做出伟大的贡献。在现实生活中,每个人既有顺遂如意的时候,也难免会有遇到各种各样的挫折和磨难的时候。与其一味地沉浸在失败之中不能自拔,不如养精蓄锐,振奋精神,给予人生更多成功的机会和美好的未来。不是在寂寞中死去,就是在寂寞中崛起,如何选择,只在于每个人的心态和是否拥有坚强的毅力。朋友们,努力起来吧,当真正摘取寂寞的果实,你会发现曾经默默坚持过的所有岁月都是值得的!

参考文献

[1] 舒雅,鲁吟. 心态好一切都好[M]. 北京：华夏出版社,2014.

[2] 杨清承. 你若盛开,蝴蝶自来[M]. 南京：南京出版社,2016.

[3] 石岩. 要么活出精彩,要么过得自在[M]. 北京：金城出版社,2012.